阿德勒心理学经典文丛

WHAT LIFE SHOULD
MEAN TO YOU

生命的意义

（又名《自卑与超越》）

〔奥〕阿尔弗雷德·阿德勒⊙著

欧阳瑾⊙译

台海出版社

图书在版编目（CIP）数据

生命的意义 /（奥）阿德勒著；欧阳瑾译 . –– 北京：
台海出版社，2018.3（2022.7重印）
ISBN 978–7–5168–1771–1

Ⅰ . ①生… Ⅱ . ①阿… ②欧… Ⅲ . ①心理学—通俗
读物 Ⅳ . ① B84–49

中国版本图书馆CIP数据核字(2018)第037419号

生命的意义

著　　者：〔奥〕阿德勒		译　　者：欧阳瑾	
责任编辑：武　波		装帧设计： 同人内文化传媒 · 书装设计	
版式设计： 同人内文化传媒 · 书装设计		责任印制：蔡　旭	

出版发行：台海出版社

地　　址：北京市东城区景山东街 20 号　　邮政编码：100009

电　　话：010 — 64041652（发行，邮购）

传　　真：010 — 84045799（总编室）

网　　址：www.taimeng.org.cn/thcbs/default.htm

E–mail：thcbs@126.com

经　　销：全国各地新华书店

印　　刷：香河县宏润印刷有限公司

本书如有破损、缺页、装订错误，请与本社联系调换

开　　本：880mm × 1230mm　　　　1/32

字　　数：200 千字　　　　　印　　张：8.625

版　　次：2018年5月第1版　　　印　　次：2022年7月第3次印刷

书　　号：ISBN 978–7–5168–1771–1

定　　价：35.00 元

译 者 序

在现代西方心理学的发展史上，奥地利精神病学家阿德勒（Alfred Adler，1870—1937）无疑占有重要的位置。他既是"个体心理学"的创始人、人本主义心理学的先驱和现代"自我心理学之父"，也是"精神分析学派"内部第一个反对弗洛伊德"泛性论"的心理学家，对后世西方心理学的发展作出了重要的贡献。

1870年2月7日，阿德勒出生于奥地利首都维也纳的郊区。尽管家境富裕，从小生活舒适安逸，但由于体弱多病，并且自认为长相丑陋，因此阿德勒认为自己的童年是很不幸福的。五岁时的一场大病，加上一个弟弟的死亡，使得他从小就萌生了要当一名医生的愿望。中学毕业后，阿德勒进入维也纳医学院，系统地学习了心理学和哲学方面的知识，并且接受了良好的医学培训。在后来的实习与行医期间，阿德勒读到了弗洛伊德《梦的解析》，便写了一篇捍卫弗洛伊德观点的论文，产生了一定的社会反响。于是，弗洛伊德在1902年邀请他加入维也纳的"精神分析小组"，并让他担任这一组织的主席。但不久之后，阿德勒与弗洛伊德之间的分歧日渐显露出来，因此到1911年，阿德勒辞去了

"精神分析小组"主席一职，随后又退出该小组，另起炉灶，创立了"个体心理学协会"。

尽管阿德勒是在弗洛伊德的"精神分析学派"内部破茧而出，并且开创出了自己的学说，但探讨"个体心理学"与"精神分析学"这两种理论之间的差异，却属于非常专业的心理学范畴，显然并不是普通读者追求的方向。但在目前竞争压力巨大、社会发展变化迅速、新生事物层出不穷的背景下，普通读者了解"个体心理学"的一些基本原理，将它们应用于日常生活当中，并且据此而调整好自身的状态，让每个人的努力始终都保持在有益于人生（也包括有益于社会）的层面上，无疑会让自身的生活过得更加轻松，也会让整个社会变得更加和谐。

阿德勒认为，每个人在幼儿时期就已形成一种"生活方式"，并且会据此而形成自己的人生目标。不过，由于每个人的生活方式都不相同，每个人的人生目标也不相同，所以，研究心理过程应当以每个人的特殊心理经验为对象。这一点，也正是阿德勒将其心理学称为"个体心理学"的原因所在。

阿德勒强调人格的统一，强调人们的行为各有其目的，认为未来比过去重要得多。他认为，我们都是自己生活的主角与创造者，会用独特的生活方式来表达我们的人生目标。

阿德勒认为，每个人长大之后，都必然会面对所谓的人生三大问题，即社会问题、职业问题、爱情和婚姻问题。尽管许多专家、学者对他的这种分类都存有异议，但不可否认的是，他的这一理论重视社会因素和个人经验，却正是其他心理学流派所欠缺的一个方面。比如，阿德勒认为，人天生是一种社会动物，人的行为会受社会驱力所推动，因而他更重视"社会兴趣"，相信社会可助长人格的发展。再如，阿德勒认为，一个人满足性本能的方式取决于他的"生活方式"，而并非与此相反（即并非一个人的生活方式取决于他满足性本能的方式）。我们认为，这些方面都有别于弗洛伊德的精神分析学，也更接近于现实情况。

此外，在教育领域，阿德勒强调教师不应该放弃任何一个儿童，或者将儿童身上出现的问题归咎于遗传；在心理治疗领域，阿德勒主张医生应当与患者面对面，友好而坦诚地进行交流；在爱情和婚姻领域，阿德勒提倡人们积极改善婚姻生活的质量，而不是建议人们去结束一段姻缘。这些主张，非但符合阿德勒所处时代的社会主流思想，也很契合如今我们提倡的"社会和谐""以人为本"及"人类命运共同体"等理念，从而证明了这一心理学流派具有持久旺盛的生命力。这一点，也正是我们推出阿德勒这几本心理学著作并系统地介绍"个体心理学"的原因所在。

自然，阿德勒及其"个体心理学"对西方心理学发展的贡献，远不止我们所提到的这些。他提出的许多概念和方法，都已逐渐渗透到心理学主流体系中。比如，"自卑感"和自卑情结的概念已经被整个心理学体系所吸纳，而他提倡的社区治疗、家庭治疗和合作治疗等心理疗法，也已经被全社会普遍接受。

我们相信，结合自身现实与社会现实系统地了解这些方面，对如今的每一个人来说都会有所裨益。因此，我们精心选取了阿德勒的一部分作品翻译出来，以便普通读者也能够一览这位与弗洛伊德齐名的大师的作品。本书就是阿德勒论述"自卑感"与"优越感"这两种基本概念的经典之作。作者在书中指出：每个人身上都有不同程度的自卑感，而对优越感的追求则是所有人的共性。然而，要想超越自卑，关键就在于正确对待职业、社会和性，就在于正确理解人生的意义。那些自幼就有生理缺陷、被娇惯或者受到了忽视的儿童，在以后的生活中会很容易走上错误的道路，因此家长和老师应当培养他们对别人、对社会的兴趣，使他们真正认识到"奉献"和"付出"才是人生的真谛。因此，阿德勒在本书中实际上是修正了弗洛伊德那种"泛性论"的精神分析观，并且开辟了精神分析与治疗的新道路，从而使得本书不但含有极深的哲理，也拥有巨大的学术价值和现实价值，值得每一位读者去细细品味。当然，由于译者并非心理学方面的专业人士，因此在翻译过程中出现谬误在所难免，敬请读者批评指正。

定居美国四年之后，1937年5月28日，阿德勒在讲学途中因心脏病发作，病逝于英国苏格兰的亚伯丁。《纽约先驱论坛》为他发了一则讣告，如此评价道："阿德勒，自卑情结之父，拒绝成为精神分析的某个零件。他既有点像科学家弗洛伊德，又和预言家荣格相似。他就是他，一个传播福音的人。"在我们看来，阿德勒开创的"个体心理学"，他提出并践行的诸多理论与疗法，就是他传播给整个人类的福音。

目 录

第一章　人生的意义

　　人类生活在一个充斥着各种意义的世界里。我们感受到的，并非只是纯粹的环境；我们感受到的，始终都是对人类具有意义的环境。即便是寻根溯源，我们的感受也受到了人类的种种目的的限定。"木头"指的是"与人类相关的木头"，"石头"则是指"可以成为人类生活中一种要素的石头"。假如一个人试图逃避意义，只关注环境，那么他就会变得非常不幸：他会让自己与其他人隔离开来；他的一举一动，对于自己和其他人来说，都会毫无用处。简而言之就是，他的行为将毫无意义。不过，没有人能够避开意义。我们始终都是通过赋予现实意义来感受现实的；我们感受的不是现实本身，而是经过了理解的某种东西。因此，我们自然可以认为，这种意义往往或多或少是没有完成的、不完善的；甚至可以说，这种意义永远都不是彻底正确的。意义这个领域，就是一个存在谬误的领域。

　　倘若我们问一个人说："人生的意义是什么呢？"他可能回答不上来。绝大多数人都不会自寻烦恼去想这个问题，也不会努力去找出这个问题的答案。的确，这个问题有如人类的历史一样古老，而我们这个时代的年轻人（还有年纪较大的人），经常也会发出这样的呼声来："活着是为了什么？人生意味着什么？"然而，我们可以说，他们只是在自己遭遇了某种失败的时候，才会这样去问。只要所有事情都一帆风顺，没有艰难的考验摆在他们面前的话，他们就绝不会提出这个问题来。其实，每个人在自己的行为过程中都必然会提出这个问题，并且加以回答。假如堵上耳朵，不听其言，而是观察他的一举一动，那么我们就会发现，他具有属于其个人的"人生真义"，而他的所有心境、态度、举动、话语、癖好、抱负、习惯和性格缺陷，全都会与这种意义相一致。他的表现，就像是自己可以倚仗对于人生的某种诠释似的。他的所有行为当中，有一种隐含的、对整个世界及其自身的整体判断，也就是这样一种结论："我像这个，世界就像那个。"这既是赋予他自身的一种意义，也是赋予人生的一种意义。

我们赋予人生的意义，就像世间芸芸众生那样繁多；并且，正如我们已经指出的那样，可能每种意义都或多或少地含有某种谬误。没有人拥有绝对的人生真义；而我们也可以说，任何一种真正有用的意义，都不能称之为绝对谬误。所有意义，都是介乎这两个极端之间的不同类型。然而，在这些类型当中，我们还是能够将那些回答得较好与回答得较差的意义区分开来，能够将其中谬误较小和其中谬误较大的意义区分开来。我们能够看出，那些回答得更好的意义之间具有什么共性，而那些回答得较差的意义当中又欠缺了什么。这样，我们就可以获得一种科学的"人生真义"，获得一种衡量真义的通行办法，获得一种意义。这种意义，可以让我们在其涉及人类的范围内面对现实。在这里，我们必须再次牢记，"真正"的意思，是指对人类而言是真正的，是指对人类的目的和目标来说是真正的。再也没有其他什么真理，会比这一真理更加重要；而且，就算是存在着另一种真理，也绝不会涉及我们自身，我们也永远不可能了解，从而使得这种真理变得毫无意义。

每个人都拥有三种关系，我们必须重视的，也正是这三种关系，因为它们构成了每个人所处的现实。一个人面临的所有问题，指向的也都是这些关系。一个人始终都必须回答这些问题，因为这些问题始终都在困扰着他；而他对这些问题的回答，则会向我们表明这个人对于人生真义的看法。这些关系当中，第一种就是我们都生活在地球这颗贫瘠行星的表面，而不是生活在其他地方。我们必须在自身居住之地所设定的种种限制条件下，利用各种可能性来发展。我们在身心方面的发展，同样必须做到既让我们能够在世间继续自己的个人生活，同时又有助于确保人类未来的延续。这是一个需要每个人都来作出回答的问题，任何一个人都无法逃避。不管做什么，我们的行为都是自己对人类生活境况所作的回应，因为它们表明了我们认为哪些东西是必需的，哪些东西是合适的，哪些东西是可能的，哪些东西又是可取的。每一种回答，必定都会受到这样一种事实的制约，那就是我们属于人类一员，人类则是居住在这个地球之上的生物。

注意，倘若我们考虑到人类身体的脆弱以及自身处境的不安全，那么我们就能看出，为了自己的生活，为了人类的幸福，我们必须不遗余力地将每个人的回答统一起来，使它们具有远见性与凝聚力才行。这就像是面对一个数学问题，我们必须努力找出解答方法来。我们不能盲目地去求解，也不能凭空猜测，而是必须利用手头已有的全部工具，脚踏实地、持之以恒地努力。我们不可能找到一个绝对完美的答案，不可能找到一个一劳永逸的答案。但尽管如此，我们还是必须竭尽所能，找到一个接近完美、接近一劳永逸的答案才行。我们必须一直努力，找出一个更加完备的答案。这个答案，也必须始终直接适用于这样一种事实：我们被束缚在地球这颗贫瘠行星的表面，而我们所处的位置也为我们带来了诸多的优势与劣势。

接下来，就是第二种关系了。我们并不是人类这个物种中唯一的成员。我们的身边还有其他的人，我们与他们共同生活着。人类个体的脆弱与局限性，使得一个人不可能确保自己能在孤立之中实现自己的目标。如果一个人独自生活，试图靠自己来解决问题的话，这个人最终就会灭亡。他既无法延续自身的生命，也无法让人类的生命延续下去。一个人始终都与其他人息息相关；之所以与其他人息息相关，是因为一个人具有自身的弱点、不足与局限性。对于确保一个人自身的幸福与人类的幸福来说，最重要的措施就是人们联合起来。因此，人生问题的每一种回答，都必须考虑到这种关系；都必须是基于我们是共同生活在一起，倘若单独生活就会灭亡这一事实而得出的一种答案。要想生存下去，哪怕是我们的情感，也必须与人类所有问题、目的和目标当中最重要的这个方面保持一致才是，那就是：要通过与我们的同胞协作，既延续我们个人的生命，让整个人类的生命延续下去，同时又让我们居住的这个星球存续下去。

我们还受制于第三种关系。人类以两种性别的形式生存着。要延续个人的生命与共同的生存，我们就必须考虑到这个事实。爱情与婚姻的问题，正属于这第三种关系。不管男女，任何人都无法逃避这个问题，都必须给出一个回答。人类面对这个问题时的所作所为，便是他们的回答。人类试图解决这一问题的方式多种多样；他们的行为，始终都表明了他们认为自己是唯一能够解决这个问题的。因此，这三种关系就向我们提出了三个问题：如何找到一份职业，从而令我们能够在地球自然条件的制约之下继续生存下去；如何在我们的同类当中找到一个位置，从而令我们可以相互合作，并且分享合作所带来的好处；如何让我们自身去适应这样一种现实，即我们是以两种性别生存着，人类的延续与发展依赖于我们的爱情生活。

个体心理学已经发现，人生当中的所有问题，都可以归入职业、社会和性这三大问题的范畴当中去。正是在对这三大问题所作的回应当中，每一个人都可以发掘出其自身最深层的人生真义来，并且屡试不爽。比如说，假设我们认为一个人的感情生活并不完美，在职业方面毫不努力，没有几个朋友，并且发现自己与同事们交流起来很痛苦，从其人生当中存在的这些局限与制约，我们可以得出结论说，他会觉得活着是一件艰难而危险的事情。因为活着非但没有给他带来多少机会，反而带来了许多的挫败。他那种狭窄的活动领域，可以理解为一种判断："人生的意义，就是保护我自己免受伤害，就是把我自己封闭起来，不受外界的影响。"而另一方面，假定我们认为一个人的感情生活各方面都非常甜蜜而融洽，工作上取得了许多成就，朋友众多，并且与同事的交流既广泛又富有成效，对于这样一个人，我们可以得出结论说，他会觉得人生就是一个富于创造性的历程，既给他提供了众多的机会，也不会带来什么不可挽回的失败。他直面生活当中所有问题的这种勇气，也可以理解为一种判断："人生的意义，就是关注我的同类，就是成为人类整体当中的一分子，并且为了人类的幸福而贡献出自己的力量。"

正是在这一点上，我们既发现了所有错误的"人生真义"所通用的衡量标准，也发现了所有正确的"人生真义"所通用的衡量标准。所有的失败者，比如神经官能症患者、精神病患者、罪犯、酒鬼、问题儿童、自杀者、性变态者和妓女，这些人之所以失败，是因为他们全都缺乏人类的同感与社会兴趣。他们在对待职业、友谊和性方面的问题时缺乏自信，不相信这些问题能够通过协作加以解决。他们赋予人生的意义，都是一种个人的意义，即他们自身目标的实现不会给其他任何一个人带来好处，而他们关注的也只是自己。他们眼中的成功目标，都只是一些空洞而不实际的个人优势目标；而他们的成功，也只对他们自己具有意义。许多杀人犯都承认，手中握着一瓶毒药的时候，他们都觉得自己非常强大，可他们这样做，显然都只是在向自己证明他们非常重要罢了；而对于我们其他人而言，手握一瓶毒药，似乎并不能给我们带来什么价值。所谓的个人意义，实际上就是毫无意义。意义只有在交流当中才有可能产生；一个只对某一个人具有意义的词语，实际上是没有任何意义的。我们的目标与行为也是如此，它们唯一的意义，就是对于他人的意义。每一个人都会努力追求自身的重要性。不过，倘若人们没有明白，自己的全部重要性必须存在于他们对别人生活所作的贡献当中，他们往往就会犯错。

　　有一则逸闻，说的是一位小型宗教派别领袖的故事。有一天，她将自己的信徒召集起来，告诉他们说，下个星期三就是世界末日。她的追随者全都信以为真，因而纷纷变卖家产，摒弃所有的世俗之念，激动地等待着这场即将到来的灾难。星期三过去了，什么异常情况也没有发生。到了星期四，信徒们便一齐前去，要求那位领袖作出解释。"看看我们都陷入了什么样的麻烦当中吧，"他们说道，"我们抛弃了一切，完全没有保障了。我们告诉自己碰到的每一个人，说星期三就是世界末日。尽管他们都嘲笑我们，可我们并不气馁，而是一再声称，我们是从一个绝对可靠的权威人士那里得知这一消息的。星期三已经过去了，可世界却仍安然无恙。"

"可我说的星期三，"那位女领袖回答道，"并不是你们所理解的星期三。"这样，她就用一种个人的意义保护了自己，回应了众人的质疑。因此，个人意义，是永远经受不住检验的。

所有正确的"人生真义"的标志，就在于它们都属于通用的意义。也就是说，它们都是其他人可以共用的意义，都是其他人能够接受的有效意义。一种解决人生问题的好办法，往往也会为其他人扫清障碍，因为在这一过程中，我们将看到这种办法成功地解决了一些共同的问题。即便是"天才"一词，其定义也不过就是"最为有益"罢了。只有当其他人认为一个人的人生对他们具有重要性的时候，他们才会称这个人为"天才"。这样一种人生当中表达出来的那种意义，始终都将是："人生的意义，就在于为整个人类作出贡献。"在这里，我们说的并不是那种伪称的动机。我们不是听一个人说什么，而是看一个人取得了什么样的成就。凡是能够成功地应对人生问题的人，都会表现得就像是他们已经充分而自发地认识到人生的意义就在于关注他人和关注协作。这种人所作的一切，似乎都受到了同类利益的引领；而在遇到困难之时，这种人也只会通过符合人类利益的方法来努力克服困难。

对于许多人来说，或许这是一种新颖的观点，因而他们可能会怀疑，我们赋予人生的意义是否的确应当是奉献、关注他人和协作。他们或许会问："个人又怎么办呢？倘若一个人始终都在考虑别人，始终都在为他人的利益奉献着，难道就不会损及他自身的独立性吗？起码对一部分个人来说，要想正常成长的话，难道替自己考虑考虑也没有必要吗？难道我们当中的一些人首先不应当学会保护自身的利益，或者强化自身的个性吗？"我认为，这种观点大错特错，而由其引发出来的问题，也是一个伪问题。假如一个人根据自身赋予人生的意义而希望作出某种贡献，假如他的激情全都指向这一目标的话，那么这个人自然而且必然会采取最佳的贡献形式。他会调整自身，来适应这一目标；他会培养自己的社会感，并且通过实践来获得技能。定下目标之后，相应的学习就会随之而来。这样，也只有这样，他才会开始作好准备，去解决人生当中的三大问题，去发展自己的各种能力。我们不妨以爱情与婚姻问题为例。假如我们关注自己的伴侣，假如我们都在努力让伴侣的生活更加轻松、更丰富多彩的话，那么我们自然会竭尽所能，全力以赴。倘若我们认为必须孤立地发展自己的个性，而没有树立一种奉献目标的话，那么我们就只会让自己变得专横跋扈，让自己变得令人生厌。

还有一点，我们也可以由此理解到，奉献才是人生的真义。如今，倘若环顾一下四周，看一看我们从祖辈那里继承到的遗产，会看到什么呢？祖辈们所有留存下来的遗产，都是他们对整个人类生活的贡献。我们看到了已经开垦耕作过的土地；我们看到了道路和建筑；我们看到了他们传承下来的生活经验，比如各种传统习俗、哲学思想、科学和艺术，以及应对人类所处各种境况的本领。这些遗产，全都是那些为人类福祉作出了贡献的人留存下来的。其他的人又怎么样了呢？那些从不协作的人，那些给人生赋予了一种不同意义的人，那些只会问"我能从人生当中获得什么"的人，结果又如何呢？他们什么痕迹也没有留下。他们并非仅仅是死去了，他们的整个人生，也都是毫无意义的。这就仿佛是我们的这个尘世曾经对他们说过："我们不需要你们。你们并不适合生存。你们的目标和追求，你们所珍视的那些价值观，以及你们的心智与灵魂，都是没有前途的。走开！没人需要你们。死去吧，消失得无影无踪吧！"对于那些给生命赋予了其他意义，而不是协作的人来说，社会对他们的最终评价始终都会是："你们毫无用处。没人需要你们。滚！"当然，在目前的文化当中，我们可以看到许多不完善的地方。一旦发现这种地方，我们就必须对其加以改变才是。不过，这种改变，始终都必须是一种推进人类利益的改变。

理解这一事实的，总是大有人在；这些人都明白，人生真义就是关注整个人类，因而他们总是努力去培养自己的社会兴趣和爱。在所有的宗教当中，我们都可以看到这种对于拯救人类的关注。世间所有的伟大运动，都是人们想要增加社会利益的结果，而宗教正是朝此方向努力的最大力量之一。然而，宗教却经常被人们所曲解；而且，除非更加密切地将宗教应用到这种共同的使命上去，否则我们就很难看出，除了正在发挥的那些作用之外，宗教还能做些什么。个体心理学也科学地得出了相同的结论，并且提出了一种科学的方法。我相信，这是向前迈进了一步。或许，通过增强人类对同胞的关注，通过增强人们对人类幸福的关注，科学能够比政治或宗教等其他运动更加靠近这一目标。虽说我们是从一个不同的角度来看待这个问题，但目标却是相同的，那就是增强人类对他人的关注。

由于赋予人生的意义在发挥作用时，它仿佛就是我们职业生涯当中的守护天使或者纠缠不休的恶魔，因此非常明显，最重要的一点就是我们应当理解这些意义是如何形成的，搞清它们彼此之间有什么不同，明白当这些意义中含有重大错误的时候如何才能加以纠正。与生理学或者生物学不同，这个方面属于心理学的范畴，就是理解意义对于人类幸福的作用，以及各种意义影响人类行为与命运的方式。从孩童时代伊始，我们就可以看到，人类在无意识地探索这种"人生真义"。即便是一个婴儿，也会努力去评估自身的力量以及自己在生活中拥有的权利和义务。到了五岁后，儿童就已经形成了一种统一而具体的行为模式，具有了自己应对问题和完成任务的风格。此时的儿童，已经形成了一种根深蒂固、持久的观念，明白自己应当对这个世界以及在自己身上期待些什么。从这个时候起，儿童就开始用一种稳定的统觉[1]体系来看待世界了：经验要经过诠释才会接受，并且这种诠释始终都会与赋予人生的最初意义保持一致。即便是这种人生意义当中存有极其重大的谬误，即便是应对问题、完成使命的方法不断地给我们带来不幸与痛苦，我们也绝不会轻易将其放弃。所赋予的人生意义当中存在的谬误，只有通过重新考虑作出此种错误诠释时的处境，认识到其中的失误，并且改变由此而形成的统觉体系，才有可能加以纠正。在极少数情况下，一个人或许会因为错误方法所带来的不良后果而被迫修改自己所赋予人生的意义，或许可以凭一己之力成功地作出这种改变。然而，倘若没有某种社会性的压力，他就决计做不到这一点；或者说，要是没有发现自己用原来的方法继续干下去将会走到山穷水尽的境地，他就永远无法做到这一点。而对于绝大多数人来说，只有在某个受过训练、理解这些意义、能够与之一起发现原始谬误并且帮忙提出一种更加恰当的意义的人的协助之下，才能更好地纠正自身所赋予人生的意义。

　　我们不妨简单地来说明一下那些可用于诠释童年处境的不

---

[1] 统觉（apperception），本为德国哲学家莱布尼茨与康德的理论中关于认识论的一个重要概念，后成为赫尔巴特教育思想中一个基本的心理学理论，指意识观念由无意识中选择的那些能通过融合或复合而与自身结为一体的观念的同化过程。

同方法。童年时期的不幸经历，可能被赋予大相径庭的意义。一个在童年时期曾经有过不幸经历的人，通过苦思冥想，从这些经历中领悟出一剂助其摆脱今后苦难的良药，他会觉得："我们必须努力消除这些不幸的情况，确保我们的孩子处境更好。"另一种人则会觉得："人生很不公平。别人往往都能大获成功。要是世界这样对待我的话，我又何必要善待世界呢？"有些父母正是这样说自己的孩子的："我小的时候必须经受许多的艰难困苦，可还是熬过来了。他们为什么就不行呢？"第三种人则会认为："因为我的童年很不幸，所以我什么义务都不应当承担。"在这三种人的行为当中，他们对不幸童年的诠释都是很明显的；并且，除非改变各自的诠释，否则他们永远都不会改变自己的行为。正是在这一点上，个体心理学打破了宿命论。任何经历，都不是导致成功或者失败的原因。我们并不会因为过去的经历所带来的打击，即所谓的"创伤"而承受痛苦，但我们会从过去的痛苦经历中，了解到哪些东西适合我们的目标。我们被自己所赋予的这些经历的意义主宰着，而在我们把某些特殊经历当成未来生活的基础之时，往往很可能会出现某种谬误。意义并非由处境所决定，可我们却是由自身所赋予处境的意义支配着。

　　然而，童年时期还是有几种情况，会使人们极其经常地从中得出严重错误的意义来。绝大多数的失败者，也都来自有过这些处境的儿童。首先，我们必须考虑那些有生理缺陷、婴幼儿时期生过病或者体弱的儿童。这种儿童有着过重的思想负担，因此很难认识到人生的意义在于奉献这一点。除非有个亲近的人能够让他们把注意力从自己身上转移开去，让他们去关注别人，否则的话，他们很有可能主要是沉溺在自身的感受里。日后，他们可能就会跟周围的人进行对比并因而感到沮丧；并且，在我们目前的这个文明阶段，他们的自卑感甚至还有可能因为同类的怜悯、嘲笑或者躲避而变得更加严重。这些情况，都有可能使得他们心事重重，失去在我们的共同生活中发挥有益作用的希望，并且觉得自己受到了整个世界的羞辱。

我相信，我是第一个对生理上有缺陷或者内分泌异常的儿童所面临的种种困境加以描述的人。这一学科虽然已经取得了巨大的进步，但这种进步实际上并不是遵循我所乐见的原则发展的。从一开始，我就在寻找一种克服这些困难的办法，而不是寻找一种理由，来把失败的责任推给遗传或者身体状况。没有哪种生理缺陷，必然会导致出现一种错误的生活态度。我们从来都没有发现过，哪两个孩子的器官具有同样的作用。可我们经常能看到，一些孩子克服了这些困难，并且在克服困难的过程中培养出了非凡的有益本领。这样，个体心理学就不是对优生优育计划的一种极佳宣传了。许多极其杰出的人士，许多为我们的文化作出了伟大贡献的人士，起初都有生理缺陷，他们的身体状况通常都很不好，有的时候他们还会英年早逝。可人类的种种进步，以及种种新的贡献，却主要来自这些曾经努力与身体及外部环境当中种种困难作出过斗争的人。这种斗争使他们坚强起来，从而使他们前进得更远。从身体来看，我们无法判断出心智的成长究竟是好是坏。然而，迄今为止，绝大多数一开始就有生理缺陷、器官不健全的孩子，都没有在正确的方向上得到培养；没人理解他们面临的诸多困难，因此他们关注的，主要都是自己。正是由于这个原因，我们才会看到，许多的失败者都来自那些从幼时起就背负着生理缺陷之苦的孩子。

经常为赋予人生的意义出现谬误而提供契机的第二种情况，

就是那些娇生惯养的孩子所处的情况。被娇惯了的孩子所习得的，就是期待别人会像对待律法一样来对待他的所有愿望。这种孩子无须努力去争取，就会获得高人一等的地位，因此他们通常都会觉得，这种高人一等就是他们与生俱来的一种权利。结果，待其进入一个不是把他们当成关注中心的环境，而别人的首要目标也并不是考虑他们的感受之后，他们就会变得茫然无措了。他们会觉得，自己所处的世界没有达到他们的期望。他们已经习惯了期待，而不是给予。他们从来都没有学到应对问题的其他办法。由于别人对他们一直都是有求必应，因此他们已经失去了自身的独立性，不知道他们有自主行事的能力。他们关注的全都是自己，并且从不知道、从未理解协作的用处与必要性。面临困难的时候，他们只有一种办法来应对，那就是对别人提要求。在他们看来，如果能够重新获得高人一等的地位，如果能够迫使别人承认他们都是特殊者，因而应当得到他们想要的一切，那样的话（也只有那样），他们的境况似乎就会有所改善了。

这些已经长大成人却依然恃宠而娇的人，或许正是我们这个社会里最危险的一个阶层。他们当中的一些人，可能会极其反感别人的好意；为了确保自己得到一种横行霸道的机会，他们甚至可能会变得极其"可爱"。可他们实际上却消极得很，不愿像普通人一样在普通人的工作中与别人协作。还有一些人则会采取更公开的反抗：倘若再也找不到自己熟悉的、轻而易举就能得到的那种温暖和服从，他们就会觉得被别人背叛了；他们会觉得整个社会都对自己不怀好意，因而会尽力向所有同类进行报复。而且，倘若社会对他们的人生态度表现出了敌意（这一点几乎是毋庸置疑的），他们又会把这种敌意当成是他们个人受到了不公对待的新证据。惩罚之所以往往对他们没有效果，原因正在这里。

除了证实他们认为"别人都跟我作对"这样一种观点之外，惩罚不可能起到别的什么作用。但是，不管娇生惯养的孩子是消极对抗呢，还是公开反抗，无论这种人是试图通过示弱来掌握主导地位呢，还是通过暴力来进行报复，他们实际上都是在犯同样的错误。事实上我们发现，还有些人会在不同的时期两种方法都用。他们的目标始终都没有改变。他们认为："人生的意义，就在于争得第一，就在于被别人承认是最重要的人，就在于得到我想要的一切。"因此，只要继续给人生赋予这样一种意义，他们所采取的每种方法，就都是错误的。

　　第三种很容易犯下错误的情形，就是一个被人忽视的孩子所处的情形。这种孩子，从不知道爱与协作究竟为何物。因此，他对人生所作的诠释当中，就不会包含这些友爱的因素。可以理解，当这种人面临人生当中的诸多问题时，他们会高估问题的困难程度，却低估自己在别人的帮助和好意之下解决这些问题的能力。这种人已经发现，社会对他很冷酷，因而会料想社会始终都将冷酷无情。尤其是，这种人不会明白，他们可以通过作出一些对别人有益的行动而赢得别人的喜爱与尊重。因此，这种人会对别人戒心重重，并且连自己都信不过。实际上，没有哪种体验可以取代无私的爱。一位母亲的第一使命，就是要让孩子获得与一个值得信赖的他人打交道的体验；然后，她必须拓宽和扩展这种信赖感，直到孩子所处环境中的其他方面也都融入到了此种信赖感之中。倘若这种第一使命没有完成好，即没有赢得孩子的关注、喜爱和协作，那么孩子就很难培养出社会兴趣，很难培养出自己对同类的那种友爱之感来。每个人都具有关注他人的能力，但这种能力必须得到培养和训练才行，否则的话，它的发展就会受挫。

如果世间存在一种纯粹受人忽视、纯粹招人讨厌或者纯粹没人想要的孩子，那么我们很可能会发现，这种孩子完全不知道世间还存在着协作。他会孤僻离群，无法与别人交流，并且对那些能够帮助他与人类共同生存的方面一无所知。不过，正如我们已经看到的那样，一个身处此种环境之中的人，将会灭亡。一个孩子可以熬过婴儿期并存活下来的这一事实，证明了人们给予了这个婴儿一定程度的照料与关注。因此，我们面对的，绝不会是那些纯粹被人忽视了的儿童；我们面对的，是那种受到的关注比通常情况少，或者在某些方面受到了忽视但其他方面却并未受到忽视的儿童。简而言之就是，我们只需这样说：受到忽视的孩子，就是指那些从来没有确切地找到一个值得其信赖之人的儿童。许许多多的人生失败者原先都是孤儿或者非婚生子，而我们也必须将这些儿童整体上纳入被忽视儿童的范围之中，这对于我们的文明来说，可真是一件极其可悲的事情啊。

有生理缺陷、娇生惯养和受到忽视这三种情况，是一种极大的考验，会让孩子形成一种错误的人生真义；而在这些情形下成长起来的孩子，则几乎无一例外，往往都需要获得帮助，才能纠正他们应对问题的方式。他们必须获得帮助，来形成一种更好的人生观。倘若我们关注一下这些方面（如果我们真正关心它们，并且朝着这个方向训练自身的话，它们都是真正重要的方面），我们就能明白这些方面在他们所作的一切当中的意义。梦境和关联分析最终可能会很有益处，因为人的个性在梦境和清醒生活中是相同的；但在梦境中，由于社会需求所带来的压力并没有清醒生活中那样严重，因此个性会在保护措施和隐藏手段较少的情况下得以呈现出来。然而，在帮助一个人迅速理解其赋予自身以及人生的意义的所有手段当中，最了不起的一种却是来自这个人的记忆。每一件往事，无论他认为这件往事是多么微不足道，都会向他呈现出某种值得记住的东西。之所以值得记住，是因为这种往事承载着他想象出来的一种人生，这就好像是往事在对他这样说似的："这就是你必须期待的"或者"这就是你必须避免的"，或者"这就是人生"。我们必须再次强调，经历本身并不如留在记忆中而被凝结成生活意义的经验那么重要。每一种记忆，都是一种纪念。

儿童早期的记忆尤其有用，能够说明一个人自身独特的人生态度已存在多久，并且能指出最先构成其人生态度的具体环境。任何人的早期记忆之所以都值得注意，有两个原因。第一，其中包含着对一个人及其处境的基本判断。这种判断，就是一个人最初的整体面貌，就是其自身或多或少完整的第一标志，以及造就了他这个人的种种需求。第二，这是他的主观出发点，也是他为自己所著传记的开始。因此，我们经常可以从中看出，一个人认为自身所处的弱势、缺陷与他视为理想的力量、安全之间的区别来。至于一个人认为属于自己最初记忆的东西究竟是不是他能够回忆起来的最初事件，甚至是不是对真实事件的一种回忆，对心理学的目标而言并不重要。记忆之所以重要，仅仅在于它们"主观认为"的那些东西，在于对它们的诠释，在于它们对当下和将来人生的意义。

在这里，我们可以举出几个最初记忆的例子，来看一看它们所巩固的"人生真义"。"咖啡壶从桌子上掉下来，烫伤了我。"这就是人生！看到人生以此种方式开始的这位姑娘始终都有一种无助感，并且过高估计了人生中的危险与困难，我们就不该觉得惊讶了。如果她在内心深处责怪别人没有照顾好她，我们也不应当感到惊讶才是。让那么小的一个孩子面临着这样的危险，的确是有人太粗心了！另一种最初记忆，也会让这个世界呈现出一种类似的图景："我还记得，三岁的时候，我曾经从一辆婴儿车里掉了出来。"伴随着这种最初记忆的，则是一种反复出现的梦境："世界末日就要到了，我在半夜醒来，发现天空呈亮红色，火光冲天。星辰纷纷陨落，我们撞上了另一颗行星。不过，就在碰撞发生之前，我就惊醒了。"说这话的那位学生，当被问到他是否害怕什么东西时，他如此回答道："我害怕自己不会有一种成功的人生。"很显然，他的最初记忆与这种反复出现的梦境，都起着让他感到沮丧的作用，并且证实了他那种害怕失败与灾祸的心理。

一个因为尿床并且经常与母亲对着干而被带到诊所里来的十二岁小男孩，是如此描述他的最初记忆的："妈妈以为我走丢了，就跑到街上大声叫我，样子非常惊慌。其实我一直都藏在家中的一个橱柜里。"在这种记忆中，我们可以看出一种判断来："人生的意义，就在于通过制造麻烦来引起别人的注意。获得安全感的办法，就是通过欺骗。虽然我被别人忽视了，但我可以捉弄别人啊。"他的尿床也是一种手段，用来使他一直成为被担心和注意的中心，而他的母亲则通过对他感到焦虑、紧张而巩固了他对人生的这种诠释。正如前面所举几个例子当中的情形一样，这个男孩很早就形成了外部世界充满危险的印象，并且得出了这样一种结论：只有别人担心他的一举一动，他才会安全。只有通过这种方式，他才能感到安心，才会觉得一旦需要，别人就会前来保护他。

有位三十五岁的女性，她的最初记忆是这样的："我三岁的时候，曾经跑到地窖下面去。正当我站在地窖里的台阶上，周围漆黑一片的时候，一个年纪比我大一点儿的堂兄打开门，跟着我下来了。我非常非常怕他。"从这样一种记忆中我们很可能看得出，她那时不习惯于与其他孩子一起玩耍，并且跟男孩子玩耍时尤其觉得不自在。我们猜测，她应该是家中的独女，而最终这种猜测也是对的。她到了三十五岁的年纪时，仍然没有结婚哩。

下面这种记忆，则表明了一种发展层次更高的社会感："我记得妈妈曾经让我摇睡在摇篮里的小妹。"然而，在这个例子当中，我们可能还会找到种种迹象，说明这个人只有与弱者相处时才会觉得舒适；并且，或许还能看到这个人依恋母亲的迹象。孩子出生之后，让家中年纪较大的孩子帮忙照料，让他们关注新生儿和分担照料好新生儿的责任，始终都是一种最好的办法。倘若他们肯帮忙，那他们就不会不由自主地觉得，父母对新生儿的关注降低了他们自己在父母心中的重要性。

渴望与人为伴，并非总是一种真正关注他人的证据。有位姑娘，在被问到她的最初记忆时，如此回答道："我正在跟姐姐和两个女孩朋友一起玩儿。"在这里，我们自然看得出她是一个习得了交际能力的孩子，不过，待她提到自己最害怕的事情是"我害怕没人理我"之后，我们对她的认识又会更进一步了。从这里，我们还能看出她缺乏独立性的迹象。

只要找到并理解了一个人赋予人生的意义，我们就掌握了理解整个人格的钥匙。有的时候，人们会说人的性格是不可改变的，不过，可能只有那些从未发现过此种情形正确钥匙的人，才持有此种观点。然而，正如我们已经看到的那样，倘若没有发现原始的谬误，那么任何一种理由或者治疗办法都是不可能成功的，而改善这一点的唯一可能性，则在于习得一种更具协作性与更勇敢的人生态度。协作也是我们防止出现神经官能症倾向的唯一保障。因此最重要的是，应当训练并鼓励儿童的协作精神，应当允许儿童在同龄的孩子当中、在共同的任务和共同的游戏当中找到适合自己的方向。任何妨碍合作的做法，都会产生最为严重的后果。例如，一个娇生惯养、已经习惯了只关注自己的孩子，会把这种不关注他人的心态带到学校里去。只是因为他觉得可以得到老师的喜欢，他才会对功课感兴趣；他也只会听那些他觉得对自己有利的话语。当他接近成年时，他在社会感方面的欠缺还会变得越来越明显地具有灾难性。原始谬误出现之后，他就不会再培养自己的责任感与独立性了，而到了此时，他就会痛苦地发现，自己完全没有应对任何人生考验的能力。

但在此时，我们却不能将有这些缺陷的责任归咎于他。我们只能在他开始感受到那些严重后果的时候，去帮助他纠正这些缺陷。我们不能指望一个从未学过地理的孩子，能够成功地答完一份地理试卷；我们也不能指望一个从未习得过合作性的孩子，在面临一些需要协作的任务时，能够正确地加以应对。不过，人生当中的每一个问题，都需要一种协作能力才能加以解决；每一项人生使命，都必须在我们人类社会的框架范围之内加以掌控，并且用一种能够推进我们人类幸福的方式加以应对。只有那些理解了人生真义在于奉献的人，才能够勇敢地应对自己面临的种种困难，才能够有获得成功的大好机会。

如果老师、家长和心理学家都理解了在为人生赋予意义的过程中可能出现的谬误，假如他们本身不会犯下同样的错误，那么我们就可以确信，那些缺乏社会兴趣的儿童，将来对他们自身的能力与人生的机遇就会拥有一种更好的感受。在遇到困难的时候，他们就不会放弃努力，就不会去寻求轻松的解脱之道，就不会想要逃避，或者把责任推卸到别人身上，就不会要求别人善待他们并给他们以特殊关照，就不会觉得受到了羞辱并试图报复，也不会这样问了："人生有什么用处呢？我从人生当中会得到什么呢？"相反，他们会这样说："我们必须创造自己的人生。这是我们自己的使命，我们也有能力应对这一使命。我们是自身行为的主人。假如必须有所创新，或者说假如必须淘汰掉某种旧的东西，需要行动起来的不是别人，而是我们自己。"倘若以这种态度来对待人生，倘若独立自主的人类之间相互合作，我们就能看出，我们人类之间的交流就会获得无限的进步。

第二章　思维与肉体

　　人们往往都会争论这样一个问题：究竟是思维主宰着肉体呢，还是肉体掌控着思维。哲学家们也加入到了这种论争之中，持有这样或那样的立场，有的自称为唯心主义者，有的自称为唯物主义者。他们提出了成千上万种论点，可如今这个问题却似乎仍然跟以往一样，争议不断、悬而未决。或许，个体心理学可以发挥一定的作用，帮助我们找出这个问题的解决办法来。这是因为，在个体心理学领域，我们面对的，实际上正是思维与肉体之间种种活生生的相互作用。有人前来治疗，由于人是一种灵肉结合体，因此，倘若治疗方法建立在错误的理论基础之上，那么我们就帮不了这个人。我们所用的理论，必须是确切地源自经验，并且必须在应用中确切地经得住检验才行。我们都生活在这些相互作用之中，而我们面前最大的挑战，就是找到一种正确的观点来。

　　个体心理学的研究结果，消除了这一问题所带来的许多压力。这个问题不再是一个简单的"要么……要么……"式的问题了。我们明白，思维与肉体都是生命的表现形式，都是整个生命的组成部分。而且，我们也开始理解思维与肉体在这个整体中的交互关系了。人类的生命，是一种活动着的生物的生命，因此一个人仅有肉体的成长是不够的。植物有根，植物只能长在一个地方，没法移动。因此，倘若发现一株植物也有思维，或者起码具有我们能够理解的、任何一种意义上的思维，那可就是一桩咄咄怪事了。就算一株植物能够预见或者推断出结果来，这种官能对于它来说也是毫无用处的。假如这株植物心中想道："有人过来了。他马上就要踩到我，而我就会被他踩死了。"这又有什么用处呢？因为这株植物还是没法移动，没法不挡那个人的路啊。

然而，所有活动的生物却都能够预见和判断自己所要移动的方向；这一事实，使得我们必须假定它们全都具有思维或者思想。

你自然拥有知觉，

否则就无法行动。[1]

这种对运动方向的预见能力，正是思维的核心原则。一旦认识到了这一原则，我们就能够理解思维是如何主宰肉体的了：思维给肉体的运动设定了目标。只是时不时地产生出一种随机的运动，永远都是不够的，我们的所有努力，都必须具有一个目标才行。由于决定朝着哪个地方运动是思维的功能，因此思维在生活中占据着主宰的地位。与此同时，肉体也会对思维产生影响，因为必须是肉体来运动。思维只能根据肉体所具有的潜力，以及经过训练后肉体能够培养出来的本领来让肉体运动。比如说，假如思维想让肉体登上月球的话，那么除非发现了一种适应于肉体局

---

[1] 引自《哈姆雷特》第三幕第四场。

限性的办法，否则一个人就做不到这一点。

　　与其他任何生物相比，人类都是运动得最多的一种。非但人类的运动方式更多（从人类双手可以进行的复杂运动当中，我们就可以看出这一点），而且人类通过自身的运动，也更加能够改变他们所处的环境。因此，我们可以料想到，预见能力在人类的思维中会得到程度最高的开发，而人类也会给出最为清晰的证据，说明他们作出了目标明确的努力，来改善他们相对于所处大局而言的整体形势。

　　而且，在每一个人身上，我们都能发现，在其指向部分目标的所有的部分运动背后，都有一种单一的完整运动。我们的所有努力，指向的都是一种能够让我们获得安全感，让我们感到人生中的所有困难都已被克服，从而让我们就自身所处的大局而言，最终安全而胜利地向前发展的局面。为了实现这一目标，所有运动和表达都必须协调起来，形成一个统一体，而思维则被迫向前发展，仿佛是为了实现某种理想的终极目标似的。这与肉体的情况并无二致，因为肉体也在努力成为一个统一体。肉体也会朝着一种在胚胎当中就已预先存在的理想目标而发展。例如，倘若皮肤破了，整个肉体便会迅速行动起来，好让伤口痊愈，重新形成一个整体。然而，人类并非只是让肉体自行呈现出其潜力，因为思维能够在肉体的成长过程中发挥出作用。练习和培养的意义，以及广义上的卫生保健的意义，全都已经得到了证实，而这些方面，都是思维在追求其终极目标的过程中，满足肉体所需的辅助手段。

　　从生命伊始，一直延续到生命终结，成长与发展形成的这种协作关系，始终都存在着。肉体与思维相互协作，都是一个整体中不可或缺的组成部分。思维就像是一台发动机，牵引着它在肉体中能够发现的所有潜力，帮助肉体进入一种安全且超越于所有困难之上的状况。在肉体的每一种运动当中，在每一种表达与症状当中，我们都可以看到思维目标所留下的印迹。人类是运动的。人类的运动是有意义的。人类会让自己的眼睛、舌头和脸部肌肉运动起来。人类的脸部会有表情，而表情就是一种意义。这种意义，正是通过思维表达出来的。现在我们可以开始看出，心理学（或者说这门思维的科学）真正研究的是什么了。心理学的范畴，就是探究一个人所有表达中包含的意义，就是找到这个人目标的关键，并且把它与其他人的目标进行比较。

在追求安全这一终极目标的过程中，思维始终都面临着必须把这一目标具体化的问题，面临着判断"安全存在于这个具体之处，是通过朝着这个具体的方向前进而达到的"这个问题。在这里，自然就有了出现错误的可能。不过，倘若没有一个相当确定的目标和导向，那么肉体就根本不会付诸行动。假如我抬起手来，那么我的心中必定是早已为这一动作设定了一个目标。在现实中，思维选定的方向可能会是灾难性的，但是，之所以选定这个方向，是因为思维错误地把它当成了最为有利的方向。因此，心理上的所有错误，都属于运动方向选择方面的错误。安全是人类的共同目标，不过，有些人却搞错了安全所在的方向，因而他们的具体行动就会把他们领入歧途。

假如我们看到了某种表达或者症状，却没能认识到它背后隐藏着的意义，那么理解这种表达或症状的最佳途径就是首先将其概括、简化成为一种简单明了的行为。我们不妨以偷窃这种表达为例。所谓偷窃，就是将别人的财物据为己有。现在，就让我们来审视一下这种行为的目标吧。这种目标，就是让自己富有起来，并且通过拥有更多财物而让偷窃者自己觉得更加安全。因此，这种行为的出发点，就是一种贫穷感和欠缺感。接下来，我们就要找出偷窃者处于什么样的环境里，以及在什么样的情况下偷窃者才会产生贫困感。最终我们就能看出，偷窃者是不是选择了正确的方式来改变这些环境并且克服自己的贫困感，他的行为是不是朝着正确的方向，或者是不是误解了用于获得自己想要之物的方法。虽说我们不必去指摘偷窃者的最终目标，但我们也许能够指出，偷窃者选择了错误的方法来实现这一目标。

人类对周围环境所作的改造，我们称之为文化，而我们的文化，也是人类思维让肉体实施的所有行为的结果。我们的行为，都是由思维激发出来的。我们肉体的成长，受到了思维的引导和协助。最终我们就会看到，人类的任何一种行为当中，都充斥着思维的目的性。然而，思维让自身这一部分过度紧张的做法，却是绝对不可取的。我们要想克服种种困难，身体就必须健康。因此，思维是用一种能够保护好肉体的方式来左右环境的，以便肉体不至于生病、不适和死亡，并避开灾害、意外及功能的损伤。这样一种目标，是由我们感知快乐和痛苦、产生想象、认为自身所处境况是好是坏的能力提供的。感知会让肉体处于良好状态，以便肉体用一种明确的反应来面对某种情况。想象和识别是两种预见之法，但它们的意义还不止于此：它们会激发出与肉体行为相一致的感觉来。这样，一个人的感觉就会带有他所赋予的人生真义的印迹，带有他为自己的努力所定目标的印迹。在很大程度上来说，虽然感觉支配着一个人的肉体，但感觉并不依赖于肉体，它们主要依赖的，往往都是一个人的目标，以及这个人因此而采取的人生态度。

很显然，并非只有人生态度在主宰着一个人。倘若没有进一步的协助，一个人的态度并不会让他产生出种种症状来。作为行为，症状必须得到感觉的强化。个体心理学观点的新颖之处就在于我们发现，感觉永远都不会与人生态度相矛盾。只要有了目标，感觉始终都会调整好自身，来实现这一目标。因此，我们的研究就不再属于生理学或者生物学范畴了，因为化学理论并不能解释感觉的产生，而化学检测也无法预测出人的感觉来。虽然在个体心理学领域里，我们必须把生理过程当作先决条件，可我们更感兴趣的，却是心理目标。对于焦虑对交感神经和副交感神经的影响，我们可不那么关注。相反，我们寻找的，却是焦虑的目标与结果。

　　用这种方法，我们既不能认为焦虑源自性压抑，也不能认为焦虑是出生时难产所导致的结果而将其置之不理。这样的解释，都是不准确的。我们都知道，一个习惯于有母亲陪伴、帮助和支持的孩子可能会发现，不管产生原因是什么，焦虑都会是一种非常有效的武器，可以控制自己的母亲。我们并不满足于只对生气进行一种生理上的描述，我们的经验已经表明，生气也是左右一个人或者掌控某种情况的一种工具。我们可以理所当然地认为，肉体与思维的每一种表达，必然都是建立在遗传因素的基础之上，不过，我们关注的方向，却是在努力实现某个明确目标的过程中如何利用此种因素。

　　这一点，似乎正是唯一一种真正属于心理学范畴的方法。

　　我们在每一个人的身上都会看到，感情正是朝着这个方向产生和发展起来的，并且会发展到实现其目标所必需的水平。个人的焦虑或者勇敢、欢乐或者悲伤，始终都与其人生态度相一致，而这些感觉相应的强度与优势，也正是我们料想得到的情况。一个通过悲伤而实现了优势目标的人，是不可能因为实现了自己的目标而感到高兴或者满足的。这种人只有在痛苦的时候，才会感觉到快乐。我们还可以注意到，感情可以在必要的时候产生，再在必要的时候消失。一个患上了"广场恐惧综合征"[1]的病人，在家里的时候，或者在左右着另一个人的时候，就不会有焦虑感。而凡是生活中让他们觉得自己不够强大，因而使得他们无法成为征服者的方方面面，所有的精神病患者也都会拒绝接受。

情绪的基调与人生态度一样，是固定不变的。比如说，即便是在比自己弱小的人面前表现得很嚣张，或者在有人保护时似乎显得很勇敢，但胆小的人始终都会胆小。这种人可能会给自己的家门安上三把锁，养警犬、设陷阱来保护自己，却又坚称自己非常勇敢。没人能够证明这种人存在焦虑感，但是，这种人不厌其烦地采取措施来保护自己的做法，充分表明了他们的胆小本性。

在性和爱情的领域里，也有着类似的证据。一个人渴望接近自己的性目标时，往往会表露出那些与性相关的感觉来。由于注意力集中，所以一个人往往不会再去关注那些与此冲突的事情或者兴趣，这样一来，他就会激发出恰当的感觉与官能来。若是缺乏这些恰当的感觉与官能，例如出现阳痿、早泄、性变态和性冷淡等现象，就都是因为一个人不愿排除掉那些不恰当的事情与兴趣而造成的。这些不正常的情况，往往都是某种错误的优势目标和某种错误的人生态度所导致的。在这种病例当中，我们往往都会发现病人有一种期待别人来关心自己而不是自己去关心别人的倾向，发现病人都缺乏社会感，都无法勇敢而乐观地行事。

我有一位病人，他是家中的第二个孩子，一直都为种种极度负疚的感觉所折磨。他的父亲与哥哥都非常看重诚实。这个孩

---

[1] 广场恐惧综合征（agoraphobia），心理学术语，指不正常地害怕旷野或者广场之类陌生环境的一种心理疾病。亦可指离家或出门恐惧症、异地恐惧症。

子长到七岁的时候，有一次在学校里对老师说，他独自完成了一项家庭作业，可实际上，那项家庭作业却是哥哥帮他完成的。这个男孩把由此而产生的负疚感整整隐藏了三年。最终，他还是去找老师，坦白了这次可怕的说谎。老师只是取笑了他一下。接下来，他又哭着去找父亲，第二次承认了错误。这一次，结果比较好。父亲对孩子的诚实深感欣慰，非但表扬了他，还安慰了他。可尽管父亲原谅了他，这个男孩的情绪却依然很低落。我们几乎必然会得出一个结论，那就是：这个男孩一心想要用如此一件微不足道的事情来如此严厉地谴责自己，从而证明自己具有非凡的诚实和认真品质。他家那种高尚的道德氛围给了他动力，使得他想让自己在诚实方面做得出类拔萃。他觉得自己在学业和社交魅力方面都不如自己的哥哥，因此试图从一个侧面来获得优越感。

　　在后来的生活当中，他又深受过其他各种自责之苦。他经常手淫，并且始终都没有完全改掉在学习中作弊的毛病。每次参加考试之前，他的负疚感往往都会加重。随着年纪渐长，他的这种麻烦也越来越多。由于内心非常敏感，因此他的思想负担比哥哥更重。这样一来，他便准备好了一种借口来应对所有的失败，以便使自己能够与哥哥相匹敌。大学毕业后，他本来打算做技术工作，可由于那种强迫性的负疚感变得越来越严重，因此他整天都在祈祷，希望上帝会宽恕他。这样，他就没有时间去工作了。

　　到了此时，他的状况已经变得非常糟糕，因而被送到了一所精神病院里。诊断之后，医院说他的病是无法治愈的。然而，过了一段时间之后，他的状况有所好转，便离开了那座精神病院，但他提交了申请，倘若病情复发的话，就再来住院。他换了个工作，开始研究艺术史。考试的时间快到了。在一个假日里，他到教堂里去做礼拜。当着众人的面，他躺到地上，大声喊道："我是罪孽最深重的人啊。"这样一来，他便再次成功地让别人注意到了他那颗敏感的道德心。

在精神病院里又住了一段时间之后，他回到了家里。有一天，他竟然裸着身子下楼去吃午饭。他的身材非常健硕，在这一点上，他完全能够与自己的哥哥及别人一比高下呢。

他的负疚感，其实是让他显得比别人更加诚实的一种手段，通过这种手段，他其实是在努力获得优越感。然而，他的种种努力，却指向了人生中无益的一面。他逃避考试和职业工作的做法，呈现出了一种胆小的症状，以及一种显著的不胜任感，而他所有的神经官能症状，则是在有意地排斥他担心自己会遭到失败的每一种活动。从他做礼拜时卧倒在地、耸人听闻地裸着身子进入餐室的做法当中，显然也可以看出他同样是在努力用低劣的手段来获得优越感。他的人生态度需要他这样去做，而他所激发出来的感受，也是完全恰当的。

正如我们已经看到的那样，一个人是在出生之后最初的那四五年里开始确立起思维的一致性的，并且让自己的思维与肉体形成了关联。他一方面正在理解遗传因素，理解自己从周围环境中获取的印象，另一方面也在让这些方面去适应他对优越感的追求。到了五岁末，一个人的人格就已经成型了。他赋予人生的意义、追求的目标、看待问题的风格，以及他的情感倾向，全都确定下来了。虽说这些方面日后还可以改变，但只有当一个人摆脱了儿童时期人格形成过程中涉及的那种错误，才能改变这些方面。正如一个人此前的所有表现全都与他对人生的诠释保持一致那样，倘若如今他能够纠正那种错误，就说明他的新表现也会与他对人生所作的新诠释保持一致。

一个人是通过自己的感官来与环境接触，并且从环境当中获取感受的。因此，从一个人训练自身肉体的方式当中，我们就可以看出他乐意从所处环境获得什么样的感受，以及他正在努力利用自己的经验去干什么。假如注意到了一个人观察事物、聆听话语的方式和吸引其关注的是什么东西，那么我们就已经了解了这个人的很多情况。一个人的姿态举动之所以极为重要，原因就在于此。因为这些方面向我们表明了这个人各种感官接受过何种训练，以及这个人正在利用自身感官来选择感受的情况。人的一举一动，始终都受到了意义的制约。

现在，我们就可以对我们所下的心理学定义进行补充了。心理学，就是理解一个人对自身肉体接收到的感受持何种态度的过程。我们也可以开始明白，人类思维的形成方式之间存在着多么巨大的差异。一具不适应环境、难以满足环境要求的肉体，通常都会被思维看成一种负担。正是由于这个原因，具有生理缺陷的孩子在心智发展过程中遇到的障碍，会比普通情况下更为严重。他们的思维，更难影响、移动和控制自己的肉体，更难使之朝着一种优势状态前进。他们需要在精神上付出更大的努力，而精神集中的程度也要比别人更高，才能实现与别人相同的目标。因此，他们的精神便会变得不堪重负，从而使他们变得以自我为中心、自私自利起来。倘若一个孩子一心只想着自己的生理缺陷和行动不便，那他就没有余暇来关注外界的情况。这种孩子会发现，自己既无时间又无自由来关注别人，因此长大以后，他们的社会感水平就会较低，而协作能力也会较弱。

虽说生理缺陷会带来许多的不利因素，但这些不利因素却绝不是一种无法逃避的宿命。倘若心理本身积极主动，并且通过努力训练来克服种种困难，那么这个人就会活得很成功，活得与那些生来没有这么多负担的人一样精彩。事实上，一些存在生理缺陷的孩子尽管面临着重重障碍，但他们获得的成就，却经常要比那些出生时身心健全的孩子更大。残疾是一种激励因素，可以让人前进得更远。比方说，一个男孩可能会因为自己视力不好而承受异常巨大的压力。因此，他会更加一心一意地努力要看清楚，会把更多注意力放在自己眼中的这个世界上，会更注意区分色彩与形状。最终，他对有形世界的体验，就会比那些从不需要努力或者从不需要关注就能看清细微差异的孩子丰富得多。这样，生理缺陷最终就会变成一种能够带来诸多重要优势的源泉。不过，只有在思维找到了克服困难的正确方法之后，才能做到这一点。众所周知，许多画家和诗人都曾深受视力缺陷之苦。但是，他们那种训练有素的思维都控制住了这些缺陷。最终，具有这些缺陷的人运用起自己的双眼来，就比其他视力较正常的人更加有效了。在那些本是左撇子却还没有被别人意识到是左撇子的孩子身上，我们也可以看到，或许还能更容易看到同样的一种补偿机制。在家里，或者是上学伊始的时候，他们受到的训练，都是使用自己那只有缺陷的右手。因此，他们在写字、画画或者书法方面的条件，实际上不怎么好。我们可以预料到，倘若能够在思想上克服这些困难，那么这种具有缺陷的右手通常都会培养出一种高度的艺术技巧来。而实际情况，也正是如此。在许多的例子当中，一些惯用左手的孩子，字都写得比其他孩子要好，画画天赋比其他孩子要高，或者在手工艺方面比其他孩子更出色。通过找到正确的方法，通过关注、训练和练习，他们就把自身的不利条件转变成了优势。

　　只有渴望为整个人类作出贡献、兴趣并非集中于自己身上的孩子，才能通过训练来成功地弥补自身的缺陷。假如孩子只是渴望摆脱自身所处的困境，他们就会继续落后。只有当他们为自己的努力设定了一个目标，并且只有当这个目标的实现对他来说比挡在路上的种种障碍更加重要，他们才能鼓起勇气来。这是一个关于应当让他们的兴趣与注意力指向哪儿的问题。倘若追求的是自身之外的一个目标，那么他们自然就会习得并掌握本领去实现这个目标。种种困难，不过就是他们走往成功之路上必须攻克的一个个阵地罢了。而另一方面，倘若关注的只是强调自身具有的缺陷，或者在与这些缺陷作斗争的过程中只是为了摆脱这些缺陷而没有其他的目标，那么他们就无法取得真正的进步。我们是不可能通过心中想着，通过希望右手不那么笨拙，或者甚至是通过避免笨拙，就把一只笨拙的右手训练成一只运用娴熟的右手的。只有在实实在在取得的成就中得到锻炼，右手才能变得娴熟起来，而在孩子的心目中，对于取得此种成就的动力的感受，也必须比到此时为止仍然存在的笨拙所带来的沮丧感更加深刻才行。倘若一个孩子打算集中全部力量，克服自己的种种困难，那么他的行为必定有一个外部目标，即必定有一个以关注现实、关注他人、关注协作为基础的目标。

我曾经调查过一些患有经皮肾通道功能低下症的家庭，并在其中发现了遗传因素以及可以利用遗传因素的一个典型例子。这些家庭中的孩子，通常都会患有尿床症。生理缺陷是确实存在的，他们的肾脏或者膀胱一般都有缺陷，或者是存在脊柱裂，因此我们往往可以根据腰部皮肤上的痣或者胎记推测出，他们的腰椎节段通常都会存在相应的缺陷。然而，生理缺陷却绝对不足以充分说明尿床的原因。孩子并非是因为生理缺陷而被迫尿床，而是用自己的方式在利用这一症状。比如说，有些孩子只会晚上尿床，白天却从来不会尿裤子。有的时候，若是环境有所改变，或者父母的态度有所改变，孩子尿床的习惯便会突然消失。因此，除了一些低能儿童，只要孩子不再把这种生理缺陷用于错误的目的，尿床问题就是可以解决的。但是，那些患有尿床症的孩子所受到的待遇，基本上却都不会使他想解决这一问题，而是继续尿床。一位有经验的母亲，可以让孩子进行正确的练习；可如果母亲没有经验的话，孩子这种原本不必存在的缺点就会持续下去。通常来说，那些患有肾脏疾病或者膀胱疾病的家庭，都过分强调与排尿有关的各个方面。这样一来，母亲便会错误地、想方设法地来防止孩子尿床。倘若注意到了家长对这个问题的重视程度，孩子十有八九便会再坚持下去。这会给孩子一个绝佳的机会，来表明他对此种教育的反对。假如孩子想反抗父母对他进行的治疗，那么孩子往往就会找到父母最脆弱的地方，用自己的方式来进行反抗。德国一位非常有名的社会学家已经发现，很多罪犯都出身于那些一心想要防止孩子犯罪的家庭，比如来自法官世家、警察世家或者监狱看守家庭，而且比例高得惊人。教师家庭的孩子，学习成绩通常都要落后一些。据我自己的经验来看，这一点往往都是事实。我还发现，许多患有精神疾病的孩子都是医生的孩子，许多行为不良的孩子则是牧师的孩子，而且数量也多得惊人。同样，在父母过分重视排尿问题的那些家庭里，孩子显然也有很好的方式来表明他们拥有自己的意愿。

尿床症还给我们提供了一个非常典型的例子，来说明梦境是如何被用于激发那些与我们想要实施的行为相适应的情绪的。通常来说，尿床的孩子都会做梦，梦见他们已经起了床，来到了厕所里。这样，他们便给自己找了一个理由。于是，他们便可以理所当然地尿床了。尿床所要达到的目的，通常都是为了引起家长的关注，为了让其他家人都围着他转，为了让父母在晚上和白天一样，把心思全都放在他身上。有的时候，尿床也是为了对抗父母，因为这种习惯就是一种明目张胆的敌意。从每一个角度我们都能看出，尿床实际上是一种很有创造性的表现，因为孩子是在用膀胱而不是嘴巴表达出自己的意见。生理方面的缺陷，仅仅是为孩子提供了一种表达意见的手段罢了。

那些用这种方式来表达意见的孩子，往往还会患有焦虑症。通常来说，他们都属于那原本受到溺爱，后来却失去了地位、不再是父母唯一关注的焦点的孩子。或许是因为家里又添了一个孩子，他们发现自己较难获得母亲一心一意的关注了。因此，尿床代表着一种即便是采取令人不快的手段，也要与母亲保持更紧密联系的行为。实际上，尿床就是在说："我还没有长到您认为的那么大，我仍然必须由您来照料。"若是情况不同，或者还有别的不同的生理缺陷，那么孩子就会选择其他的手段。比如说，他们可能利用声音来巩固此种联系。在这种情况下，他们晚上就会不停地哭闹。有些孩子会梦游，会做噩梦，掉到床下，或者感到口渴，要喝水。这些表现背后的心理学原因，都是相似的。症状的选择，部分取决于生理缺陷的情况，部分则取决于周围环境里的人对孩子的态度。

这些例子，都非常充分地说明了心理对肉体的影响。极有可能，心理并非只会影响某种具体生理症状的选取，它还左右并影响着整个肉体的成长发育。我们并没有直接的证据来证明这种假设，而且我们也很难看出，究竟如何才能确定这样一种证据。

然而，证据却似乎明显得很。倘若一个男孩子很胆小，那么这种胆小就会在他的整个成长过程中反映出来。他不会在意体格方面的成就，或者更准确一点儿来说，他会觉得自己根本就不可能取得体格方面的成就。因此，他就不会想到要用一种有效的方法来锻炼自己的肌肉，而对于外界通常认为属于肌肉发育的一种刺激因素的所有观念，他也会拒绝接受。其他一些允许自己受到这些观念影响并且对训练自身肌肉感兴趣的孩子，则会在身体素质方面远远超过胆小的孩子；而胆小的孩子由于兴趣受阻，就会一直落在后面。

基于这样一种考虑，我们完全可以得出下述结论：肉体的整个体形与发育，都受到了心理的影响，并且反映出了心理上的种种错误或者缺陷。我们经常能够看到，一些肢体表达显然都是心理缺陷所导致的结果，都是因为一个人尚未发现克服某种困难的恰当方式。例如，我们可以肯定，在孩子四五岁的时候，内分泌腺本身就可以受到影响。腺体缺陷绝不会对一个人的行为产生必然的影响；但另一方面，它们却在不断地受到整个环境、孩子设法获取印象的方向以及孩子心理在此种有意思的情况下进行的创造性活动的影响。

还有一个证据，可能更容易理解，也更容易接受，因为我们对这种证据更加熟悉，并且它导致的也是一种暂时的表达，而不是一种肉体固定不变的癖性。从某种程度上来说，每一种情感都会找到某种相应的肢体表达。一个人会用某种可见的形式，或许是通过姿势和态度，或许是通过面部表情，或许是通过颤抖的双腿和双膝，来表达出自己的情感。在器官本身当中，也可以看到类似的变化。比如说，倘若一个人脸红或者脸色变得苍白，那就说明他的血液循环受到了影响。愤怒、焦虑、悲哀或者其他任何一种情感，都会通过身体表达出来；而每一个人，也都有属于自己的肢体语言。当身处令自己感到害怕的情况下时，有的人会浑身颤抖，另一个人可能会觉得全身毛骨悚然，第三个人的心则可能会怦怦乱跳。还有些人则会出汗或喘不过气来，说话时声音嘶哑，或者把身体缩成一团，蜷缩起来。有的时候，身体肌肉的张力也会使人受到影响，让人没有了胃口，或者会导致呕吐。对于有些人而言，这些情感刺激的主要是膀胱，而其他人受到刺激的则可能是性器官。许多孩子在参加考试的时候，都会感觉到自己的性器官受到了刺激；而不法之徒在犯下某桩罪行之后，会经常去光顾某家妓院，或者去找自己的情人，这也是众所周知的事实。在科学领域里，我们发现有些心理学家宣称性与焦虑相伴相随，还有一些心理学家则宣称性与焦虑之间完全没有联系。他们的观点，依赖的都是他们自身的经验。对于有些人来说，性与焦虑有联系，而对于其他人来说，二者之间则没有什么联系。

所有这些反应，都是不同类型的个人表现出来的。我们很可能会发现，其中有些反应具有某种程度的遗传性，因而这种肢体表达通常都会给我们一些提示，说明这个人家族谱系中存在的某些缺陷或者独特性。家族中的其他成员，可能也会作出非常类似的肢体反应。然而，这里最有意思的一个方面，就是看出心理如何能够通过各种情感来刺激生理状况。各种情感及其生理表达都向我们表明，心理在一种被它理解为有利或者不利的情况之下，是如何发挥作用与作出反应的。比如，当勃然大怒的时候，一个人原本希望的是尽快战胜自己的缺陷。此时最佳的办法，似乎就是去抨击、指责或者攻击另一个人。愤怒反过来又会对生理器官产生影响，将生理器官调动起来，准备好行动，或者是对这些生理器官加以格外的注意。有些人在生气的时候，同时还会伴有胃疼的毛病，或者是满脸通红。他们体内的血液循环情况改变幅度如此之大，以至于随后还会感到头疼。在偏头疼或者习惯性头疼发作的人身上，我们通常都会发现某种没有得到宣泄的怒气或者羞辱；而在有些人身上，怒气还会导致三叉神经疼，或者阵发性的癫痫。

　　人们迄今都没有对肉体受到心理影响的途径进行过彻底的探究，而我们也很可能永远都无法对这些途径进行全面的阐述。精神焦虑既会影响人的自主神经系统，也会影响植物神经系统。只要产生焦虑感，自主神经系统便会作出反应。一个人会用手去敲打桌子，揪嘴唇或者把纸张撕成碎片。只要感到焦虑，一个人就必须采取某种行动。咬铅笔或者嚼烟草，都会提供一种宣泄焦虑的方式。这些行为向我们表明，这个人觉得自己面临某种情况的压力太大了。身处陌生人当中的时候，不管一个人是脸红、浑身发抖还是面部肌肉抽搐，情况都是一样的，这些表现，都是焦虑情绪导致的结果。焦虑情绪还会通过植物神经系统传递到全身。因此，每一种紧张情绪产生之后，整个肉体本身便都会处于焦虑状态。然而，这种焦虑的临床表征，却并非在每个方面都很明显。因此，我们所说的症状，仅仅是指我们可以看到结果的那些方面的临床表征。假如更仔细地研究一下，我们就会发现，肉体的每一个部位都会参与到一种情绪的表达中去，而且，这些生理表达也全都是心理和肉体二者协同作用的结果。我们始终都必须去寻找心理对肉体以及肉体对心理的这些交互作用，因为二者都是我们所关注的"人"这一整体中的组成部分。

　　根据这样一种证据，我们可以合理地得出一个结论：一种人生态度以及一种相应的情感倾向，对肉体的成长发育具有持续不断的影响。假如一个孩子确实是在很小的时候就已经形成了自己的人生态度，那么，要是经验足够丰富的话，在孩子日后的生活当中，我们就应当能够发现他由此产生的生理表达。一个勇敢的人，会在身体素质上体现出勇敢态度所带来的影响。他的体格，将会与其他人的体格不一样，他的肌肉张力会较强大，他的身体会比别人更加结实。态度很有可能会对身体的成长发育产生极其巨大的影响，或许还能说明肌肉强直性更佳的部分原因呢。勇敢者的面部表情也会不同，并且最终会使勇敢者的整个面容变得与众不同。甚至颅骨的构造，可能也会受到影响。

如今，人们已经很难否认心理能够影响大脑这个事实了。病理学已经提供了许多的病例，说明一个人虽然因为左脑受损而丧失了读写能力，但通过锻炼大脑中的其他部位，还能够恢复读写能力。通常情况是，一个人得了脑病，因此不可能再去修复大脑中的受损部位，但是，大脑中的其他部位却会补偿并修复生理器官的功能，从而使得大脑再次具有了所有的功能。这一事实尤其重要，可以帮助我们看到把个体心理学应用于教育领域里去的种种潜力。假如心理能够对大脑施加这样的一种影响，假如大脑只是心理的一种工具（虽说是最重要的心理工具，但它依然只是一种工具），那么，我们就能找到办法，来开发和完善这种工具。所有生而具有某种标准大脑的人，就无须终生都必然受大脑的约束，因为我们可以找到办法，来让大脑更好地适应人生。

一个人，倘若已经给自己的目标定下了一种错误的方向（比如说，不是培养自己的协作能力），那其心理就不会对大脑的发育施加一种有益的影响。正是由于这个原因，我们才发现许多缺乏合作能力的孩子在日后的生活中都表明，他们并未开发出自身的智力，即没有开发出自身的理解能力。由于一个成年人的所有举止全都表明了他在四五岁时形成的那种人生态度所带来的影响，由于我们明显能够看出这个人的统觉体系及其赋予的人生真义所导致的结果，因此我们就能发现他在协作能力方面的障碍，并且帮助其纠正错误。在个体心理学领域里，我们已经朝着这门科学迈出最初的步伐了。

许多作者都已经指出，心理表达与生理表现之间存在着一种恒定的关系。不过，他们当中似乎没有一个人曾经试图去找出联系两者的那座桥梁来。例如，克雷奇默尔[1]曾经阐述过，我们如何能够从一个人的体型当中发现某种对应的心理类型。这样，他就能够分出许多类别，然后将绝大部分人都归入了这些类别当中去[2]。例如，其中的矮胖型，即圆脸、鼻子短粗的人，往往会身材臃肿，他们也正是尤利乌斯·恺撒[3]曾经说过的那种人：

但愿我有胖子常相随，他们头颅光滑，夜里好睡。[4]

克雷奇默尔还将具体的心理特点与这样的体格对应起来，不过，他的研究却并未阐释清楚为什么会具有此种对应关系。在我们如今所处的条件下，具有这种体格的人似乎并未深受生理缺陷之苦，他们的身体，都很好地适应了我们的文化。从生理上来看，他们觉得自己与别人没什么两样，他们都很相信自己的力量。他们并不焦虑，并且倘若想要打架的话，他们也觉得自己完全具有与人打上一架的实力。然而，他们无须把别人看成自己的敌人，也无须与生活抗争，仿佛生活中充满敌意似的。某个心理学派可能会把他们称为外向人格者，而不会作出任何解释。我们确实应当料想到他们都是外向人格者，因为他们没有受到生理方

[1] 克雷奇默尔（Ernst Kretschmer，1888—1964），德国著名的精神病学家和心理学家，以研究体态、体质与人格特征的关系闻名，著有《体型与性格》一书，还研究了儿童和青少年心理病理学并发展了催眠术和精神疗法的新技术。

[2] 克雷奇默尔根据体型与性格的关系，将人类分成矮胖型（pyknic type）、细长型（asthenic type）、运动型（athletic type）及发育异常型（dysplastic type）四类。

[3] 尤利乌斯·恺撒（Julius Caesar，公元前100—公元前44），古罗马共和国末期杰出的军事统帅和政治领袖，世称"恺撒大帝"。下文引文引自莎士比亚的戏剧《尤利乌斯·恺撒》。恺撒认为胖子少心计，而瘦子心计多，因而危险。

[4] 引自《尤利乌斯·恺撒》第一幕第二场。

面的任何困扰。

克雷奇默尔区分出来的、与矮胖型形成鲜明对照的一种类型，就是分裂型[1]。这种人要么很幼稚，要么就是异乎寻常地个子高、鼻子长，脑袋呈椭圆形。他认为，这种人性格拘谨而内向，倘若这种人患上了精神障碍，就会变成精神分裂症患者。他们就是恺撒所称的另一种人：

那边的卡修斯[2]面黄肌瘦，他心思太重，这种人，很危险。[3]

或许，这种人会深受生理缺陷的困扰，长大后也会变得更关注自我，更悲观，也更加"内向"。或许，他们以前更经常地要求别人帮助，而发现自己没有受到足够的重视之后，他们就会变得愤世嫉俗、疑心重重。然而，正如克雷奇默尔承认的那样，我们还可以看到许多混合型体格，甚至还会看到矮胖型的人养成了分裂型心理特征的现象。假如是他们所处的环境给他们带来了另一种负担，使他们变得胆小和没有勇气，那么我们就可以理解这种现象了。我们很可能可以通过系统性的劝阻，使任何一个孩子的行为举止都像是属于分裂型的。

如果有了这样的经验做后盾，我们就能从一个人的部分表现当中，看出他具有何种程度的协作能力。其实，人们始终都在不知不觉中寻找这样的迹象。协作的必要性，始终都在驱赶着我们，虽说不是利用科学的方式，而是源自本能，但人们已经发现

---

[1] 分裂型（schizoid），即细长型。这是因为，属于细长型的人容易患分裂型精神病。

[2] 卡修斯（Cassius，?—公元前42），古罗马共和国时期著名将领，也是刺杀恺撒的主谋者之一。亦译"卡西乌斯"。

[3] 引自《尤利乌斯·恺撒》第一幕第二场。

了那些向我们表明如何才能让自身更好地适应这种纷乱人生的线索。利用同样的办法，我们也能看出，在历史上所有伟大的调整作出之前，人们早已在心里认识到作出此种调整的必要性，并且在努力实现此种调整了。而只要此种努力仅仅源自本能，那么出现错误就在所难免。人们往往不喜欢那种具有显著生理特征、模样丑陋或者驼背的人，在不知不觉中，人们就断定这种人不那么适合协作。虽说这是一种严重的错误观念，但人们的判断很可能是以自身的经验为基础的。我们还没有找到增强具有这些生理特点的人的协作程度的办法，因此，人们都会过分强调他们的缺陷，从而使他们变成了这种普遍的迷信观念的受害者。

现在，让我们来总结一下自己的观点吧。四五岁的时候，孩子便会将自己的种种精神追求统一起来，并且形成自身思维与肉体之间的那种根本关系。孩子会形成一种固定不变的人生态度，并且养成相应的心理与生理习性。孩子的成长当中，包含着程度或大或小的协作能力培养。正是根据这种协作程度，我们才学会去判断和理解一个人。在所有的失败当中，最常见的衡量标准就是协作能力很低。因此，现在我们就可以给心理学下一个更进一步的定义了：心理学，就是理解协作能力方面种种缺陷的科学。由于思维是个统一体，而思维的所有表达中也始终贯穿着同一种人生态度，因此，一个人所有的"情感与思想"，必定都是与其人生态度相一致的。倘若我们看到一个人的情感给他带来困扰，并且与这个人的自身幸福背道而驰，那么试图从改变这些情感开始，就将是毫无用处的。它们都是这个人人生态度的恰当表达，因此，只有当这个人改变了自己的人生态度，才有可能彻底根除这些情感。

在这里，个体心理学给我们对教育与治疗领域的展望提供了一条特别的线索。我们绝对不应当只针对某种症状或者某种单一的表达来进行治疗；我们必须找出一个人在自身整个人生态度中所犯的错误，找出思维在诠释自身经历的方式中所犯的错误，找出思维赋予的人生真义当中的错误，找出思维在回应一个人从肉体与环境获得的印象时的行为当中所犯的错误。这才是心理学的真正使命。倘若我们只是鼓励一个孩子，看孩子能够蹦到多高，或者只是挠挠痒，看孩子笑得有多响的话，那么把这些做法叫作心理学，就是不恰当的。这些做法在现代心理学家当中普遍存在，也的确可以向我们表明一个人心理上的某些情况，但是，只有当它们提供了说明一个人具有某种固定不变和独有的人生态度的证据，才具有此种作用。人生态度既是心理学的特有主题，也是我们进行研究的素材；采用其他任何主题的流派，基本上都属于生理学或者生物学的范畴。这一结论，也适用于那些研究刺激与反应的人，适用于那些试图探究一种创伤或者休克经历所带来的影响的人，适用于那些研究遗传天赋并且想要搞明白遗传天赋会如何表现出来的人。然而，在个体心理学领域里，我们着眼的却是精神本身，以及属于统一体的思维；我们研究的，是个人给整个世界、他们自身、他们的目标、他们努力的方向、他们成功解决人生问题的方法等方面赋予的意义。迄今为止，我们在理解心理差异方面掌握的最佳钥匙，就是通过研究个人协作能力的程度来获得的。

第三章　自卑感与优越感

　　"自卑情结"属于个体心理学领域里最重大的发现之一，如今它似乎已经变得举世皆知了。许多流派的心理学家都采用了这一术语，并且将它应用到了自己的实践当中。然而，我却根本没法肯定地说，他们都正确地理解了这个术语的意义，或者正确地运用了这个术语。比如说，告诉一位病人说他有自卑情结，根本就于事无补，那样做只会更加突出病人的自卑感，却没有向病人说明如何才能克服自卑感。我们必须认识到病人在自己的人生态度当中表现出来的那种独特的沮丧感；我们必须在病人缺乏勇气的时候，不失时机地对其加以鼓励。每一位精神病患者，都具有某种自卑情结。任何一位精神病患者与其余患者的不同之处，都并非是他具有自卑情结而其余患者却没有。他与其余患者的不同之处，在于他认为自己无法在人生当中有益的一面继续下去时所处的情况，在于他为自己的努力与活动所设定的局限。倘若我们只是对他说"您患上了一种自卑情结症"，根本就不会帮助患者勇敢起来。这就好比是，倘若我们对一个头疼的人说："我可以告诉您，您哪儿出了毛病。您患上了头疼病！"这同样不会对头疼患者有所帮助。

　　被人问到是否觉得自卑之时，许多精神病患者都会回答说：
"不觉得。"有些患者甚至还会这样回答："恰好相反。我完全
清楚自己比周围的人都要优秀。"因此，我们无须去问，只需观
察一个人的行为就可以了。正是在一个人的行为当中，我们会注
意到他用于安慰自己、说自己很重要的是哪些把戏。例如，倘若
看到某人神情傲慢，那我们就可以猜出，他心里正在这样想：
"别人常常忽视我。我必须表现得自己是个人物才行。"倘若看
到某人在说话时特别喜欢指手画脚，那我们就能猜出，他心里正
在想："如果不用手势来强调，我说的话就不会有什么分量。"
我们猜想得到，在每一个举止显得似乎比别人优越的人背后，都
隐藏着一种自卑感，需要他格外努力地来加以掩饰。这就好比是
一个担心自己个子太矮小的人，踮着脚尖走路来让自己显得高大
一点儿那样。有的时候，在两个孩子比身高之时，我们就能看到
这种行为。那个担心自己较矮小的孩子会尽量拔高身子，全身的
劲儿都使上。他这样做，就是为了让自己显得比实际的个子更高
大。倘若问一问这样一个孩子："你是不是觉得自己太矮小了
呢？"我们是很难期待他会承认这一事实的。

　　因此，一个具有强烈自卑感的人，自然也不会表现得像是
一个唯唯诺诺、安安静静、拘谨内敛和不让人讨厌的人。自卑感
的表现方式多种多样。或许，用一件有关三个孩子头一回被大人
带到动物园里去的趣事，我就能说明这一点。站在狮笼前面的
时候，其中的一个孩子缩到了母亲的裙子后面，说道："我想
回家。"第二个孩子则站着没动，脸色苍白，浑身颤抖，说道：
"我一点儿也不害怕。"第三个孩子则恶狠狠地瞪着狮子，问母
亲说："我可以啐它一口吗？"其实，三个孩子在狮子面前都觉
得很自卑，但每个孩子都用自己的方式表现出了他们的感受，并

且这些感受都符合他们各自的人生态度。

在某种程度上来说，我们普遍都具有自卑感，因为我们发现自己都是处在一种我们希望改善的位置上。倘若没有气馁的话，那么我们就应当通过唯一一种直接、现实而恰当的方式，即通过改善我们的处境，来动手克服这些自卑感。没有人能够长久地背负一种自卑感，久了之后，我们就会陷入一种紧张状态，从而必须采取某种行动。不过，不妨假设一个人泄了气，假设他想不到自己若是作出实实在在的努力，就能够改善处境。那样的话，尽管他仍然无法承受自身的自卑感，仍然会努力想要摆脱它们，可他却不会去尝试那些会让自己有所进步的方法。虽然他的目标仍然是"不屈服于种种困难"，可他不会去攻克障碍，而是会催眠自己或者自动麻醉，产生出一种虚假的优越感来。与此同时，他的自卑感却会与日俱增，因为导致产生这些自卑感的情况仍然没有改变。激发自卑感的因素仍然存在。采取的每一种办法，都会让他陷入更深的自我欺骗中去，而他的所有问题，也会带来越来越大、日益紧迫的压力。倘若我们看到他的行为而没有理解其中的原因，那我们就会认为，他的做法都毫无目的。这些行为不会让我们感受到，它们其实是旨在改善他的处境。然而，一旦我们明白他与大家一样，也是在一心努力要获得一种适当感，只是放弃了自己改变客观处境的希望，那么他的一举一动都会开始变得连贯、合理起来。假如他很软弱，那么他就会跑到那些能够让他觉得自己很强大的环境里去。他所追求的，并不是让自己真正变得更强大，或者变得更有本事，他的目标，只是让他在自己的眼中显得更强大罢了。他努力来欺骗自己的做法，最终只有一部分会获得成功。假如觉得自己无力解决职业当中的问题，那么在家里他就会变成一个专横无理的人，以此来安慰自己，说自己很重要。这样一来，他就可以麻醉自己了。可是，那些真实的自卑感却仍会留存下来。它们仍然会是以前同样的情况所激发出来的，并且跟以前一样的自卑感。这些自卑感，会是他精神生活当中一道挥之不去的暗流。在这种情况下，我们就可以真正地说他有了一种自卑情结。

现在，我们该给"自卑情结"下一个定义了。在一个问题面前，一个人倘若没有恰当地调整好自身去加以适应，或者没有能力恰当地来加以应对，并且明确认为自己无法解决这个问题，就会产生出自卑情结。由这个定义，我们能够看出，生气可能与哭泣或者愧悔一样，都是自卑情结的一种表现。由于自卑感往往会令人焦虑不安，因此人们往往会采用一种旨在获得优越感的补偿性行为，不过，这种补偿性行为的目的，却会不再是解决问题了。这样一来，原本获得优越感的做法，指向的就是生活中无益的一面了。真正的问题会被搁置起来，或者被拒绝承认。这种人会尽量限制自己的活动范围，并且会更加一心一意地去避免失败，而不是努力向前，去获得成功。在困难面前，他表现出来的就会是犹豫不决、停步不前，甚至是畏缩后退了。

这种态度，在广场恐惧症的病例中完全看得出来。这种症状，表达的就是这样一种信条："我绝对不能走得太远。我必须留在熟悉的环境里。生活中充满了危险，我必须避免遇到这些危险才行。"在始终持有此种态度的极端情形下，一个人会让自己待在一个房间里，甚至躲到床上不肯下来。在困难面前退缩的一种最彻底的表现，就是自杀。在这种情况下，一个人就是在人生的所有问题前面缴械投降，并且坚信自己无力改善自身的处境。倘若我们认识到自杀往往是一种谴责或者报复，那么，通过自杀来追求优越感的做法就是可以理解的了。在每一桩自杀案例当中，我们往往都能看到，有的人是在把自己自杀的责任全都归咎于别人。这就好比是自杀者在这样说："我是所有人当中最脆弱和最敏感的一个，可你们却用最残忍的方式对待我。"

从某种程度上来说，每一个精神病患者都会限制自己的活动范围，限制自身与整个环境的接触。他会想方设法，与人生当中必须面对的那三个实实在在的问题保持距离，并且将自己限制在那种他能够左右的处境里。用这种方式，他就是给自己修建了一座狭小的棚子，然后关上门，终生都远离了风雨、阳光和新鲜的空气。至于他是通过恃强凌弱还是通过发牢骚来左右局面，则会取决于他受到的训练。这种人会选择自己业已验证过为最佳的、发现对达到其目的最为有效的方式。有的时候，倘若对某种方法不满意，他就会去尝试另一种。而在这两种情况下，他的目标都是相同的，即无须通过努力去改善处境，就能获得一种优越感。发现眼泪最能让自己横行霸道之后，气馁的孩子就会变成一个爱哭的宝宝；而一个爱哭的宝宝，则会一路发展为成年之后的忧郁症患者。眼泪和牢骚，就是我所称的"水力"，可能变成一种极其强大的武器，非但会妨碍协作，还会让别人变成奴隶。在这种人身上，我们都能发现他们那种表面上的自卑情结，与我们在那些深受腼腆、局促不安与负疚感之苦的人身上看到的一样，他们都会乐于承认自身的弱点，承认他们没有照料好自己的能力。他们掩饰起来不让别人看到的，却会是一种想要高人一等的突出目标，是他们不惜任何代价都要争得第一的渴望。而另一方面，乍看上去，一个喜欢吹牛的孩子表现的是一种优越情结，但若是细究这个孩子的行为，而不是只听孩子说什么，那么我们很快就会看出他那种不愿承认的自卑感来。

　　所谓的"恋母情结"[1]，实际上不过是精神病患者那种"狭小棚子"的一个特例罢了。倘若一个人害怕面对整个世间的爱的问题，那么他就不会成功地摆脱掉"恋母情结"。假如他把自己的活动范围局限在家庭圈子里，那么，发现这个人性方面的追求也是在这种限度之内发展，就不足为怪了。由于缺乏安全感，这种人从来不会将兴趣扩展到自己最熟悉的那几个人之外去。他担心的是，与别人在一起的时候，他不能用自己习惯的方式去左右别人。患上"恋母情结"症的，都是那些受到母亲溺爱的孩子。这种孩子都习惯性地认为，他们有权实现自己的所有意愿，并且从不明白，他们在家庭范围之外还可以通过独立的努力，赢得别人的喜欢和爱戴。进入成年生活后，他们依然会围着母亲打转，离不开母亲。在爱情方面，他们寻找的不是一位平等的伴侣，而是一个下人；他们最信得过的一个下人，就是自己的母亲。在任何一个孩子身上，我们很有可能都可以诱发出"恋母情结"来。我们需要做的，只是让母亲溺爱孩子，拒绝让孩子把兴趣扩展到别人身上，并且让父亲对孩子的态度表现得比较漠不关心或者冷淡罢了。

　　在神经官能症的所有症状中，都可以看到这种行为受到约束的现象。结巴症患者说话的时候，我们就能看出他那种犹豫不决的态度来。这种人内心残余的社会感，在促使着他去跟同类进行交流，但他对自身的过低评价、对接受考验的担心，却与他的社会感相互冲突，因此他说起话来就会吞吞吐吐了。那些在上学

────────────

　　[1] 恋母情结（Oedipus Complex），心理学术语，指人类普遍拥有的、喜欢和母亲待在一起的感觉和心理倾向。俄狄浦斯（Oedipus）是古希腊神话中的一位王子，曾经无意中杀死生父并娶生母为妻。后来，弗洛伊德以此来描述儿子依恋母亲、害怕父亲的情况。但其实在儿童时期，不论男女，都有此种心理倾向。亦音译为"俄狄浦斯情结"。

时成绩"落后"的孩子，那些到了三十多岁还没有找到工作或者迟迟不愿考虑婚姻问题的成年男女，那些患有强迫症、必须不停地重复同一种行为的精神病患者，那些让白天的工作把自己弄得疲惫不堪的失眠症患者，全都表现出了自卑情结，使得他们在解决人生问题这个方面无法取得进步。手淫、早泄、阳痿与性变态等症状，全都说明患有这些症状的人具有一种犹豫不决的人生态度，从而使得他们在接近异性时，会担心自己做不到。倘若我们问一问："为什么要那么担心自己做不到呢？"他们那种相伴相随的优势目标就会自行呈现出来。这个问题的答案，只有可能是这样："因为一个人为自己设定了一个太高的成功目标。"

　　我们已经指出，自卑感本身并非是不正常的。它们正是使人类的处境获得了种种进步的原因。例如，只有当人们感受到了自己的无知、觉得他们需要预测未来的时候，科学本身方能兴起。因此，科学就是人类为了改善他们的整体处境，为了深入了解宇宙，为了能够更好地掌控宇宙而努力的结果。事实上，在我看来，我们人类的一切文明，全都是在自卑感的基础之上建立起来的。想象一下，假如有一个不带成见的旁观者来造访我们人类所居的这个星球，那么他肯定会得出这样一种结论："这些人类，连同他们成立的所有协会与机构，加上他们为了确保安全而做的种种努力，再加上他们为了遮风挡雨而修建的屋顶、为了保暖而穿的衣物、为了让交通更加便捷而修建的街道，这一切显然都表明，他们认为自己是地球上最脆弱的生物呢。"在某些方面，人类的确是所有生物当中最脆弱的一种。我们没有狮子或者大猩猩那样的力量，许多动物也更适合去独自应对种种生存难题。有些动物会通过抱成一团来弥补自身的弱点，即它们会聚集成群；可人类所需的协作，与我们在世间其他地方看到的任何一种协作相比，种类都要更多，程度也更深入。人类的孩子尤其脆弱，因为他们需要获得多年的照料和保护，才能长大成人。

由于每一个人都是由人类当中年纪最小、最脆弱的一员成长而来，由于人类不协作的话就只能任凭环境蹂躏，因此我们能够理解，一个没有习得协作性的孩子，日后就会不可避免地被迫朝着悲观消极、形成一种根深蒂固的自卑情结的方向发展。我们也能理解，即便是对于那些最具协作性的个人来说，人生也会继续给他们带来种种问题。没有哪一个人会发现，自己已经实现了最终的优势目标，并且彻底变成了自身所处环境的主人。人生太过短暂，我们肉体太过脆弱，而人生当中的三大问题，也始终都会有更有意义、更加全面的解决办法。我们往往都能接近某种解决办法，但是，我们绝不能因为自己取得了成就而沾沾自喜，并就此止步不前。无论什么情况下，我们都得继续努力。不过，倘有善于协作的人相伴，它就是一种有希望、有前途，并且朝着一种真正改善我们的共同处境的方向前进的努力。

我认为，没有人会因为我们无法最终实现人生最高目标这一问题而感到担忧。想象一下，若是一个人，或者整个人类，都已经达到了一种前方再无困难的位置，那我们就会觉得，那种情况下的人生必定是非常无趣的。到了那时，一切都预计得到，一切都可以预先测算出来。明天不会出现令人意想不到的机遇，未来也没有什么值得我们去期待了。我们对于人生的兴趣，主要源自我们那种没有把握的感觉。假如我们全都确定无疑，假如我们了解一切事物，那就不会再有什么讨论或者发现了。科学将会终结；我们周围的大千世界，也将不过是老生常谈罢了。激发我们对那些没有实现的目标的想象，以此来鼓励我们的艺术与宗教，将不再有任何意义。因此，人生没有如此容易地变得枯竭无趣，

就是我们的幸运。人类的努力与追求是持续不断的，我们始终都
能找出或者创造出新的问题，并且开辟出新的协作与奉献机会。
精神病患者从一开始就遇到了障碍。这种人的解决办法，仍然处
在一种很低的层次上，而其所面临的困难，却相应地变得很严
重。较为正常的个人，则会在身后留下一种解决自身问题的、日
益完善的办法。这种人可以继续向新的问题挺进，然后找出新的
解决办法来。这样一来，他就能够为别人作出贡献了：他不会落
在后面，变成同类的一种责任；他不会需要或者要求得到特殊的
照顾；相反，他会勇敢而独立地前进，根据社会感来解决自身的
问题。

　　每个人的优势目标，都属于个人特有且独一无二的。这种目
标，取决于个人赋予的人生真义，而这种人生真义，也并非一个
言语上的问题。此种意义，是在一个人的人生态度之中逐渐形成
的，有如他自己创作出来的一种奇怪旋律，贯穿了其人生态度的
始终。由于他在人生态度当中并未表达出自己的目标，因此我们
可以将其彻底地阐述清楚。由于目标表达得含糊不清，因此我们
必须根据这个人给出的暗示，来猜测出这种目标。理解一种生活
态度，与理解一位诗人的诗作是类似的。诗人必须利用语句，不
过，诗人要表达的意思，却要比诗作所用语句的含义更加丰富。
诗人表达的意思当中，绝大部分都必须由读者来进行猜测，也就
是说，我们必须去理解诗作字里行间的意义。理解一个人的生活
态度，理解人类这种最深刻、最微妙的创作，也是如此。心理学
家必须学会理解一个人的言下之意，并且必须习得欣赏人生真义
的艺术。

　　除此之外，不可能再有其他办法。在一个人四五岁的时候，
人生真义就已经形成。这种意义，并非是经由一种数学过程形成

的，而是通过在黑暗中摸索，通过那些未被充分理解的感受，通过抓住线索和探究解释来形成的。同样，优势目标也是通过摸索和猜测而成型的。这是一种终生的追求，一种动态的倾向，而不是一个绘制出来、地理位置已经确定的点。没有人非常了解自己的优势目标，以至于达到了能够充分描述出来的程度。或许一个人知道自己的职业目标，但职业目标在他的追求当中，仅仅只占一小部分。即便是在优势目标已经成型的情况下，也有无数种努力方法来实现这一目标。例如，一个人可能想要当内科医师，不过，成为一名内科医师，却包含着许多不同的意思。他可能不但希望成为内科医学方面的专家，或者是成为病理学方面的专家，还会在自己的行为中表现出对自身或者对他人的那种独特的关注程度。我们将会看到他为了帮助同类而对自身的训练程度，以及他给这种帮助设定了什么样的界限。他已经将此种目标当成是对自身那种独特自卑感的一种弥补，因此，从他在职业领域和其他方面的表现，我们也必定能够推测出，他正在弥补的那种独特感受是什么。

比如说，我们经常发现，许多内科医生在儿童时期早已了解到了死亡这个事实，而死亡正是人类的不安全感当中，对他们影响最为深刻的一个方面。他们可能是有位兄弟或者他们的父母之一去世了，因而他们日后的训练，就会朝着替自己和别人找到一种更加安全地应对死亡的途径这一方向发展。另一个人可能会将自己的具体目标定为当教师。可我们也都清楚，教师与教师之间可能会有多大的差异。倘若一名教师的社会感不强，那么他在成为一名教师过程中的优势目标，可能会是左右那些不如他的人。只有与那些比他弱小、经验没他那么丰富的人相处时，他才有可能觉得安心。可一名具有高度社会感的教师，却会平等对待自己的学生，他会真正希望为整个人类的利益作出贡献。在这里，我们无须再说其他方面，只要说教师的能力与兴趣可能会千差万别，以及可以看出在所有这些表现当中，他们的目标有多么重要就足够了。一种目标成型之后，个人的潜力就必须进行修正和约束，来适应这一目标；可那种完整的目标，即成型目标的原型呢，却会始终都与这些约束作斗争，并且不管在什么情况下，都会找出一种方式，来表达出个人赋予的人生真义，表达出一个人追求优势的终极理想。

因此，我们必须透过表面来看待每一个人。一个人可能会改变自身目标成型的方式，就像他可能会改变自身具体目标的一种表达，即改变其职业一样。我们仍然必须寻找那种根本的一致性，必须寻找人格的统一性。这种一致性，在人格的所有表达中都是固定不变的。假如我们拿着一个不规则三角形，把它放到不同的地方，那么每个地方呈现给我们的，似乎都会是一个完全不同的三角形；可若是仔细观察，我们就会发现，它们始终都是同一个三角形。因此，有了原型之后，任何单一的一种表达都不可能穷尽其所有内容，但我们却可以从其所有的表达当中，辨识出这种原型来。我们永远都不能对一个人这样说："如果这样干或者那样干，您对于优势的追求就会得到满足……"对于优势的追求，始终都是灵活多变的。事实上，一个人越健康、身心越正常，当他的追求在某个特定的方向上受阻之后，就越能找出新的追求机会来。只有一个患有精神疾病的人，才会在自身目标的具体表达方面这样去想："我必须拥有这个，否则就会一无所有。"

我们不该试图太过容易地将任何一种特定的优势追求明确表达出来，不过，在所有的目标当中，我们却可以发现一个共同的因素，那就是努力要变得像上帝一样。有的时候，我们发现一些孩子会用这种方式非常坦率地表达出自己的想法，说："我很想当上帝。"许多哲学家都有与此相同的想法，而且，希望将孩子培养和教育得像上帝一般的教育工作者，也大有人在。在一些古老的宗教戒律里，我们也可以看到同样的目标。宗教信徒应当如此来教育自己，好让他们变得像上帝一样。这种"像上帝一样"的理想，用一种更加朴实的方式，出现在"超人"这种理念里。而尼采[1]疯了之后，在写给斯特林堡[2]的一封信里，签名竟然自称"受难的上帝"，正是说明了这一点（这个方面，我就不该多说了）。疯子通常都会用一种不加掩饰的方式，表达出自己的优势目标。他们会如此声称："我是拿破仑。"或者说："我是中国的皇帝。"他们希望自己成为全世界关注的中心，希望四面八方的人全都仰视他们，希望在无形当中与整个世界相连，并且偷听到所有人的交谈，希望自己能够预测未来，希望成为身负超自然力量的人。或许，人们在渴望自己无所不知、拥有普遍智慧或者长生不老时，就是用一种更加合理的方式，表达出了"像上帝一样"这个相同的目标。无论我们是渴望自己的世俗生命永世长

---

[1] 尼采（Friedrich Wilhelm Nietzsche，1844—1900），德国著名哲学家，非但是西方现代哲学的开创者，同时也是卓越的诗人和散文家，其著作对于宗教、道德、现代文化、哲学以及科学等领域都提出了广泛的批判和讨论。作品有《悲剧的诞生》《查拉图斯特拉如是说》《善恶的彼岸》《反基督：对基督教的诅咒》等。后于1889年患上了精神分裂症。

[2] 斯特林堡（August Strindberg，1849—1912），瑞典作家、现代文学奠基人与世界现代戏剧之父。他早期写过不少反映社会问题的作品，如长篇小说《红房子》和《新国家》等，比较深刻地揭露了瑞典上层社会的保守、欺诈和冷酷无情。后来，由于受到当时流行的叔本华、尼采和弗洛伊德学说的影响，他开始用反理性的哲学观点来观察世界，因而许多作品都带有神秘主义倾向，如剧本《父亲》《朱丽小姐》《伴侣》《死的舞蹈》，小说《半张纸》等。

存，还是想象自己通过诸多化身一次又一次地来到尘世，或者预测到在另一个世界里会长生不老，这些愿景都是以"像上帝一样"的这种渴望为基础的。在宗教教义里，只有上帝才是不死之身，才会在经历了一切时间和永恒之后得以永存。在这里，我并不是在讨论这些观念是对是错，因为它们都是对人生的诠释，因为它们都是意义，并且从某种程度上来说，我们全都沉醉在这种意义里，希望自己就是上帝，或者变得像上帝一样。即便是无神论者，也希望战胜上帝、超越上帝。因此，我们可以看出，这就是一种特别强大的优势目标。

一旦优势目标得以成型，那么在人生态度当中，我们就不会再犯错误了。一个人的习性与症状，完全都是实现其具体目标的正确表达，这些方面，全都是无可指摘的。每一个问题儿童，每一个精神病患者，每一个酗酒者、罪犯或者性变态者，都是在采取正当的行动，来实现他们自己理解的那种优势目标。我们不可能用一个人的症状本身来对抗其症状，因为它们正是一个人为了实现此种目标而理应具有的症状。一所学校里有一名男生，他是全班最懒的一个。老师问他说："为什么你的功课这么差呢？"他回答道："如果我是班上最懒的学生，那么您的注意力始终都会放在我的身上。您从来不会去注意那些表现好，不会扰乱课堂，并且功课学得很好的同学。"既然他的目标是为了吸引关注并左右自己的老师，那么他就是找到了实现这一目标的最佳办法。想让他改掉懒惰的毛病是毫无用处的，因为他需要懒惰来实现自己的目标。他这样做完全有道理，要是改变这种做法的话，他就会是个傻瓜了。另一个男孩在家里很听话，但样子显得很笨；他在学校里成绩不好，在家里也完全说不上机灵。他有一个比自己大两岁的哥哥，而他哥哥的人生态度，与弟弟的大不一样。哥哥很聪明、很活泼，可经常因为冒失而惹出麻烦来。有一天，有人无意当中听到弟弟在对哥哥说："我宁愿像现在这样笨，也不要像你那样冒失。"倘若我们假定他的目标是避免惹麻烦的话，那么他的笨拙，其实就是一种相当聪明的做法了。由于显得笨，大人对他的要求也少，就算犯了错误的话，他也不会因此而受到责骂。假如他的目标确实如此，那么他就是一个并不愚蠢的傻瓜。

迄今为止，人们通常的治疗方法一直都是与症状作斗争。对于医学领域和教育领域内的这种态度，个体心理学是完全反对的。倘若一个孩子算术不佳，或者学习成绩不好，我们将注意力集中在这些分数上并且试图让孩子在这些特定的表达上有所改善，就是毫无用处的。或许孩子只是想让老师心烦，甚至想让老师开除他，以便全然不用去上学。就算我们在一个方面约束住了他，孩子也会找出一条新的途径，来达到自己的目的。成年精神病患者的情况，正是如此。例如，假设一个成年人患有偏头疼。这种头疼对于他来说，可能会非常有用，并且可以在他最需要的那一刻恰到好处地发作。利用头疼，他就可以逃避解决社交上的问题。无论何时，只要他必须去结识陌生人，或者必须作出新的决定，这种头疼便有可能发作。与此同时，头疼还可以帮助他去欺负办公室里的人，或者欺负和左右他的妻子、家人。我们又有什么理由去期待他放弃这样一种经过了充分考验的手段呢？从他现有的观点来看，他加给自身的痛苦，不过是一种非常明智的投资罢了。这种投资，会带来他希望的所有回报。无疑，我们也可以给出一个令他感到震动的解释，从而吓得他摆脱掉这种症状，就像有的时候可以通过电击或者假装手术而使战争创伤症患者吓得摆脱了所患症状一样。或许，医疗会让他在此时此刻得到解脱，让他更加难以继续保持自己选择的具体症状。不过，只要他的目标还是一样，那么，即便他放弃了一种症状，他必然也会找到另一种症状。头疼病"治好了"，他就会患上失眠症，或者出现其他的新症状。只要他的目标仍然相同，他就必定会继续去追求这一目标。有些精神病患者能够以令人震惊的速度摆脱原有的症状，然后毫不犹豫地表现出新的症状来。他们会变成神经官能症方面的老手，持续不断地扩展着自己的拿手好戏。阅读关于心理治疗的书籍，只会给他们带来一些更厉害的、迄今他们还没有机会来尝试的神经问题。因此，我们必须寻找的，始终都是采用此种症状所针对的目的，以及这一目的与总体优势目标之间的一致性。

假设在我的班上，我派人取来一架梯子，然后爬上去，坐在黑板顶上。任何人看到我后，很可能都会这样想："阿德勒博士可非常古怪啊。"他们并不知道梯子是用来干什么的，不知道我为什么要爬上去，也不知道我为什么要坐在这样一个不合适的地方。但是，倘若他们明白："他之所以想要坐在黑板上方，是因为他觉得自卑，除非他的个子比别人要高。只有当他能够俯视全班时，他才会觉得安心。"那么，他们就不会觉得我非常古怪了。我可能是采取了一种极佳的方法，来实现我的具体目标。这样来看，梯子就是一种非常合理的工具，而我努力爬到梯子上面的做法，似乎也是一种经过精心计划并且得到了实施的行为。我只会在一个方面显得古怪，那就是我对于优越性的理解。假如有人能够说服我，让我确信自己的具体目标选得不好，那么我才能改变自己的行为。但是，倘若目标还是原样，只是有人把我的梯子搬走了，那么我就会用一把椅子再去尝试；倘若椅子也拿走了，那我就会想方设法，看跳跃、攀爬和拉伸肌肉能不能有所作用了。每一位精神病患者也是这样，他们选择的方式并没有错，在这个方面他们是无可指摘的。我们只能去改善他们的具体目标。目标改变之后，心理上的习性与态度也会随之改变。患者不再需要原来的那些习惯与态度，而与其新的目标相适应的一些新习惯与新态度，则会取而代之。

我不妨举个例子。曾经有位年届三十的女性到我这里来，她深受焦虑与无力交友之苦。她在职业问题上无法获得任何进展，所以仍然是家人的一种负担。她会时不时地打点儿零工，当当速记员或者秘书，但有如一种令人痛苦的宿命，找到工作之后，她的老板往往都会向她示爱。她吓坏了，便只好不去上班。然而，有一次她还是找到了一份工作，而老板对她也不那么感兴趣。可这一次她却觉得非常丢脸，所以也辞了职。她已经接受了多年的心理治疗，我相信已有八年了吧，可治疗结果却不尽如人意，既没有让她成功地变得善于交际，也没有让她找到一个可以自谋生计的工作。

我见到她之后，便把她形成人生态度的过程追溯到了她的童年早期。没有学会理解儿童的人，也是不可能去理解成年人的。她是家里最小的孩子，长得非常漂亮，因此受到了令人觉得难以置信的宠爱。当时她的父母家境殷实，因此不管想要什么，只要说一声，她的要求就会得到满足。听完之后，我说道："哦，您是像个公主一样养大的啊。""真是怪了，"她回答道，"以前大家的确都叫我公主呢。"我问她记得哪些最早的事情。"我记得，"她说道，"四岁的时候，我跑到屋外，发现一些小朋友正在玩游戏。他们时不时地跳起来，大声喊道：'巫婆来了。'我非常害怕，回到家里后，便去问一位跟我们住在一起的老太太，世上是不是真的有巫婆。她回答说：'有啊，不但有巫婆，还有小偷和强盗，他们都会追着你跑的。'"从这段记忆我们能够看出，她肯定害怕自己一个人被家人留在家里，而在她的整个人生态度中，也表达出了这种恐惧感。她觉得自己不够强壮，因而不敢离开家里，并且觉得家人必须供养她、必须方方面面都照顾好她。她还有这样一桩儿时往事："我有一位钢琴老师，是个男的。有一天，他竟然想要亲我。我便不弹了，跑去告诉了妈妈。从那以后，我再也不想弹钢琴了。"在这里，我们也能看出，她习惯于让自己与男人保持很远的距离，而她的性发育，也是与她想要保护自己不受爱情伤害的目标相一致的。她认为恋爱是一种弱点。在这里，我必须说，许多人在恋爱的时候，都会觉得自己软弱，而从某种程度来看，他们的这种观点也是对的。坠入爱河的时候，我们必须变得很温柔，而我们对另一个人的关注，也会让我们容易受到干扰。只有一个优势目标是"我绝对不能软弱，我绝对不能受伤害"的人，才会逃避爱情的相互依赖性。这样的人会习惯于远离爱情，并且对爱情的到来毫无心理准备。大家通常都会看到，倘若这种人觉得自己有坠入爱河的危险，他们就会把这种情况转变成笑柄。他们会嘲笑、开玩笑或者戏弄那个让他们觉得危险的人。他们是在用这种方式，试图摆脱掉自身的那种软弱感。

这位姑娘在考虑恋爱与婚姻的时候，也觉得自己非常软弱。结果，工作中有男人向她示爱的时候，她内心的压力就会很大，超过了必要的程度。除了逃跑，她看不到任何摆脱这种局面的出路。就在她仍然面临着这些问题的时候，她的父母双双离世，因而她受尽宠爱、优裕无虑的生活差不多也走到了尽头。她设法找了些亲戚来照料她，可她的情况，却并不那么尽如人意。过了一阵子之后，亲戚们便会非常厌烦她，不会再按她的心意那样去全心全意地关注她了。于是，她便责怪亲戚们，对他们说，让她一个人待着会有多危险。这样，她便延缓了必须自生自灭这种悲剧性后果的出现。我确信，假如家人根本不为她操心的话，她早已疯了。实现她那种优势目标的唯一途径，就是强迫家人供养她，并且任由她拒绝人生当中的所有问题。她的心里，一直都是这样想的："我并不属于这个星球，而是来自另外一个星球，在那个星球上，我是一位公主。这个可鄙的地球并不理解我，也不承认我的重要性。"再往前一步的话，她可能早已疯掉了。不过，只要她还拥有某些小小的智谋，还能让亲戚或者家中的朋友来照料她，她就不会走到最后这一步。

　　还有一个病例，我们从中既可以清晰地看到自卑情结，也可以清晰地辨认出优越情结来。有一个十六岁的姑娘被人送到了我这里。从六七岁的时候起，她就一直小偷小摸，而从十二岁起，她就开始与男孩子一起鬼混，夜不归宿了。她两岁的时候，父母就在经历了一场旷日持久而痛苦不堪的争吵打闹之后离了婚。她被母亲带走，随着母亲一起生活，住在外婆家里。而她的外婆呢，正如我们经常看到的情况一样，把全部心思都放在孩子身上，对这个外孙女宠爱有加。她出生的时候，正值父母之间争吵得最厉害的时候，因此她的出生并没有让母亲感到高兴。这位母亲从来都没有喜欢过自己的女儿，因此母女之间的关系紧张得很。这个姑娘到我这里来治疗的时候，我便用一种很友好的语气同她交谈。她告诉我说："我并不喜欢偷东西，也不喜欢与男孩子到处乱跑，可我必须向母亲表明，她操纵不了我。""你这样做，难道是为了报复？"我问她说。"我想是吧。"她回答道。她想要证明，自己比母亲更强。不过，之所以具有这样一种目标，其实只是因为她觉得自己比母亲软弱。她认为母亲不喜欢她，因而患上了自卑情结。她能想到的、维护自身优势的唯一办法，便是捣乱。孩子们小偷小摸或者有其他不良行为的时候，通常都是为了报复。

有位十五岁的姑娘，曾经失踪了八天的时间。被人找到之后，她便被带到了少年法庭上。在法庭上，她编造了一个故事，说自己被一名男子绑架了，那人把她绑了起来，锁在一个房间里关了八天。大家都不相信她的话。医生非常亲切地与她谈话，要她说出实情。因为医生不相信她说的话，她便勃然大怒，竟然扇了医生一个耳光。我见到她之后，便问她日后想要干什么，从而给了她这样一种印象：我只关注她本人的命运，只关注我能帮她干些什么。我要她说一说自己做过的一个梦，她便笑了起来，给我描述了下面的这个梦："我正在一家地下酒吧[1]里。出来之后，我碰到了我的母亲。不久，我的父亲也来了，于是我要妈妈把我藏起来，好让他看不到我。"她很害怕自己的父亲，正在与父亲对着干。他以前经常惩罚她，由于害怕受到惩罚，她就不得不撒谎。只要听说某个孩子有撒谎的情况，我们都必须去找一找，看这个孩子有没有一位严厉的家长。除非孩子认为说实话会很危险，否则孩子撒谎就没有意义。而另一方面，我们也看得出，这位姑娘与母亲之间还是具有一定的协作性。此时，她便向我承认，说是有人引诱她去了地下酒吧，她在那里待了八天的时间。由于害怕父亲，因此她不敢说出实情。可与此同时，她的做法却是由她渴望打败父亲的心态所支配的。她觉得自己受到了父亲的压制，只有通过伤害父亲，她才能感受到胜利者的快感。

对于那些错误地采用了获得优势的方法的人来说，他们如何

---

[1] 地下酒吧（speakeasy），指西方国家中非法经营、非法售酒的酒吧或者夜总会。

才能获得帮助呢？倘若我们认识到追求优势是人类的一种共性，帮助他们就没有那么困难。那样的话，我们就可以设身处地，对他们的努力感同身受了。他们唯一犯下的错误，便是他们的追求处于人生当中无益的一面。人类每一种创造的背后，正是这种对优势的努力追求在发挥作用，而这种追求，也是为我们的文化作出所有贡献的源泉。整个人生，也是遵循此种伟大的行为准则前进着，即从下到上、从少到多、从失败到胜利。然而，唯一能够真正面对并克服人生问题的人，就是那些在自身的追求中表现出了一种有益于其他所有人的倾向的人，就是那些用一种其他人也会受益的方式前行的人。假如用一种正确的方式来接近他人，我们就不会发现他们很难说服了。人类对于价值与成功的所有判断，终究都是建立在协作的基础之上的，这一点，正是人类共同拥有的、伟大的平常之处。我们对于行为、理想、目标、行动及性格特征方面的所有要求，都是它们应当有益于增进我们人类的协作性。我们永远都不可能看到，有哪一个人完全没有社会感。精神病患者与罪犯也都明白这个公开的秘密，从他们不遗余力地想要证明自身人生态度的正当性，或者将自身责任推卸到别人身上的做法中，我们就能看出他们对这个方面的了解。然而，他们已经失去了在人生当中有益的一面继续前进的勇气。一种自卑情结在对他们说："协作中取得的成功，并不属于你。"他们已经厌烦了人生当中的真正问题，一心投入了一种虚幻的搏斗，并以此来获得安慰，说自己很强大。

在我们人类的劳动分工当中，存在着实现各种各样具体目标的空间。或许，正如我们已经看到的那样，每一个目标当中都有可能含有某种程度较低的谬误性，因而我们始终都可以找出指摘的地方来。对于一个孩子而言，优势似乎在于数学知识学得好；

对于另一个孩子来说，优势则在于艺术天分高；而对第三个孩子来说，优势似乎在于身强体壮。一个消化功能不好的孩子可能会认为，自己面临的问题主要是营养问题。他的兴趣可能会转向食物，因为他觉得，用这种办法就可以改善自己的身体状况。结果，他可能会成为一名烹调能手，或者一位营养学教授。在所有这些特定的目标当中，我们都可以看出，除了一种真正的补偿机制，还有某种对诸多可能性的排斥心理，以及某种指向自我限制的训练。例如，我们可以理解，一位哲学家实际上必须时不时地让自己与世隔绝，才能进行思考和著述。不过，倘若优势目标与一种高度的社会感结合起来，那么其中包含的谬误就绝不会很严重。我们的协作，需要诸多不同的优点。

第四章　早期记忆

　　由于努力达到一种有利位置是整个人格的关键，因此我们在一个人精神生活当中的每一点上，都应当会看到这种努力。认识到这一事实，会给我们在理解个人的人生态度这一任务当中带来两大帮助。首先，无论何时，我们都可以从自己选定的时刻开始，因为每一种表达，都会引领我们朝着同一个方向前进，朝着人格以之为中心而培养起来的同一种动机、同一种旋律前进。其次，我们会获得大量的素材。每一句话、每一种想法、每一种感受或者表情，都有助于我们去理解。我们在太过仓促地考虑某种单一表达时可能犯下的任何一种错误，都可以被其他无数种表达中止和纠正。只有当我们能够在整体当中看到局部的时候，才能最终判断出某种表达的意义来。不过，每一种表达所呈现出来的，却是同一回事，而每一种表达也都是在敦促我们朝着解决之道前进。我们就像是一群找到了陶器碎片、工具、建筑物的残垣断壁、破碎的纪念碑以及一页页纸草[1]的考古学家。从这些碎片中，我们进而可以推断出一整座业已消亡的城市曾经的生活状

_____

　　[1] 纸草（papyrus），亦称纸莎草，古埃及人曾用于制造草纸并在上面书写文稿。

况。只不过，我们所应对的并非是某种已经消亡的东西，而是一个人内心那些有组织的方面，是一种能够在我们面前不断呈现出自身意义的种种新形式且活生生的人格。

理解一个人，并不是一件容易的事情。

个体心理学或许是所有心理学中最难学习和实践的一种。我们必须始终聆听，以求了解整体。我们必须始终保持怀疑态度，直到关键之处变得不言自明。我们必须从大量细微的迹象当中，从一个人进入房间的方式、与我们打招呼和握手的方式、微笑的方式，到他走路的方式，来收集线索。虽说在某一点上我们可能会误入歧途，但其他方面却始终会前来纠正我们，或者证实我们的结论。治疗本身既是协作性的一种练习，也是对协作性的一种考验。只有真心关注对方，我们才能获得成功。我们必须能够通过对方的眼睛来观察，并且通过对方的耳朵来聆听。对方也必须为我们的相互了解发挥应有的作用。我们必须搞清楚对方的态度，同时理解对方的困难所在。就算我们觉得已经理解了对方，那么除非对方也理解了我们，否则也没有人来证明我们已经获得了成功。一种不讲策略的真相，绝不是全部的真相，它说明的，就是我们的理解并不充分。其他流派之所以衍生出了"负移情与正移情"这样的概念，或许就是因为它们在这一点上产生了误解。这两种移情因素，我们在个体心理学的治疗当中都从来没有碰到过。溺爱一个习惯了受到溺爱的病人，可能很容易讨得病人的欢心，不过，病人的控制欲，却明显被掩盖起来了。倘若怠慢并忽视病人，那我们可能很容易招来病人的敌视。病人可能会中断治疗，或者虽说可能会继续接受治疗，心中却怀着证明自己有理、让我们后悔的希望。因此，无论是溺爱还是轻视，我们都是没法帮到病人的，我们必须向他表现出一个人对自己同类的关注才行。没有哪种关注，会比这种关注更加真实或者更加客观。我们必须与病人协作，来找出病人所犯的错误。这样做，既是为了维护病人自己的利益，也是为了确保其他人的幸福。有了这一目标之后，我们就绝对不该冒着风险去激发什么"迁移"，去装模作样地显得像是权威人士，或者将病人置于依赖我们且没有责任感的境地。

在所有的心理表达当中，有一些最能说明问题，那就是个人的记忆。记忆是一个人随身携带着的，用以提醒他记住自身的局限性与所处环境的意义。一个人从自己面临的、数不胜数的印象当中，并不会产生出偶然性的记忆来，他会进行选择，只记住那些他觉得对自身处境产生了影响的事情，而不管这些事情有多模糊。这样一来，个人记忆就代表了一个人的"一生经历"。他会不断地向自己重复这种经历，或是提醒自己，或是安慰自己，或是让自己把注意力集中到目标上，或是通过往昔的经历来让自己作好准备，用一种业已经过验证的行为模式去面对未来。记忆稳定情绪的作用，在一个人的日常行为中就能明显地看出来。假如一个人遭遇了失败，并因此而心灰意冷的话，他就会想起自己以前的失败经历来。倘若他情绪低落的话，那么他的所有记忆也会是忧郁消沉的。倘若心情舒畅、意气风发，那么他就会选择一些完全不同的记忆。他想起的往事，全都是令人愉快的，从而会强化他的乐观心态。同样，如果认为自身正面临着某个问题，那他就会想起能够让他作好准备来应对这一问题的所有往事来。因此，记忆所起的作用，在很大程度上其实与做梦的目的是一样的。许多人在需要作出决定的时候，都会梦到自己曾经成功通过的一些考试。他们将自己的决定看作一种考验，因而试图重新激发出自己以前成功时的那种心态来。那些适用于一个人人生态度中各种不同情绪的方面，对于一个人笼统的情绪结构与情绪平衡来说，也是适用的。倘若想到了自己以前的美好时光与取得的成功，一位忧郁症患者就不可能再忧郁下去了。忧郁症患者必定会如此告诉自己："我的一生都很不幸。"并且只会选择那些他自认为能够说明其不幸命运的往事。记忆永远都不可能与一个人的人生态度背道而驰。假如一个人的优势目标要求他认为"别人总是在羞辱我"，那么他就会选择去记住自己可以理解为羞辱的那些往事。倘若他的人生态度发生了改变，那么他的记忆也会随之改变，他会记起一些全然不同的往事来，或者会对自己记得的往事作出不同的诠释。

早期记忆具有特殊的意义。首先，早期记忆说明了一个人人生态度的起源，以及人生态度最简单的表达形式。从中我们可以判断出孩子是受到了溺爱，还是被大人忽视了，判断出孩子习得与他人协作的程度，判断出孩子愿意与什么样的人协作，判断出孩子面临的是什么问题，以及孩子是如何与这些问题进行斗争的。在一个视力方面有问题、习惯于更密切地观察事物的孩子的早期记忆中，我们会发现一些具有视觉性质的印象来。这种孩子在回忆的时候，会是这样开头的："我向四周看了看……"或者会描绘色彩与形状。一个行动方面有问题，想要正常走路、跑动或跳跃的孩子，在他的记忆中也会表现出这些关注来。儿时的往事，必定非常接近一个人的主要关注点。了解了一个人主要关注的是什么，我们也就了解了这个人的目标与人生态度。正是这一事实，使得早期记忆在就业指导中具有了如此重要的意义。此外，我们还能在早期记忆中发现孩子与母亲、父亲以及其他家人之间的关系。

至于早期记忆准确还是不准确，这一点其实相对并无大碍。

早期记忆最重要的价值，就在于它们代表了一个人的判断："甚至是在儿童时期，我就是如此这般的一个人。"或者说，"甚至是在儿童时期，我就发现整个世界是这个样子了。"

　　而其中最具启发意义的，就是一个人开始叙述自身经历、叙述他能够记起的那些最早往事时的方式。最初的记忆，会说明一个人最根本的人生观，说明他首次将自己的态度恰当地具体化时的情形。这就给我们提供了一个机会，来一眼看出他把什么当成了自身成长的起点。倘若没有问到早期记忆，我是绝不会去探究一个人的人格的。有的时候，人们不会作出回答，或者坦白说他们并不知道哪一件才是最先发生的往事，但是，这种情况本身就能说明问题。我们可以据此断定，他们并不希望与别人讨论自身人生的根本意义，并且他们也没有作好与别人协作的准备。总的来说，人们都是相当愿意与别人讨论他们的最初记忆的。他们会把最初的记忆当成纯粹的事实，而不会意识到这些记忆当中隐藏着的意义。很少有人理解了自己的第一抹记忆，因此，绝大多数人都能够用一种相当不偏不倚、不觉得难为情的方式，通过他们的最初记忆，坦白地说出他们的人生目标、他们与别人的关系，以及他们对自身所处环境的看法。早期记忆中另一个值得关注的地方就在于，它们的浓缩性与简单性可以让我们利用它们来进行大规模的调查。我们可以让学校里一个班的学生都把自己最早的记忆记录下来，而且，假如明白如何去理解这些早期记忆的话，那我们就会对每个孩子有更进一步的了解。

　　为了便于阐述，我不妨举出几个早期记忆的例子，并且试着来诠释它们。除了这些人所述的往事，我对他们一无所知，甚至不知道他们究竟是孩子还是成年人。我们在这些人的早期记忆中发现的意义，还必须经过他们人格当中的其他行为方式来验证才行。但我们还是可以利用这些发现，因为它们有助于我们的训练，有助于让我们的推断能力变得更加敏锐。我们应当明白哪些方面可能是实情，也应当具有将一种记忆与另一种记忆进行比较的能力。尤其是，我们应当能够看出：一个人究竟是在习得协作性呢，还是朝着不协作的方向发展；究竟是希望得到别人的支持和关照呢，还是希望自力更生和独立自主；究竟是愿意给予呢，还是仅仅急于获得。

1. "由于我妹妹……"

注意早期记忆环境中出现的是哪些人，这一点很重要。倘若出现的是妹妹，我们就可以相当肯定地说，这个人觉得自己受到了妹妹极大的影响。这位妹妹，给另一个孩子的成长过程蒙上了一层阴影。通常来说，我们会发现这两个孩子之间存在着竞争，仿佛他们是在竞赛似的，而我们也能够理解，这样一种竞争会给孩子的成长带来许多额外的难题。一个孩子在一心想着竞争的时候，是不可能像他可以在友谊的基础上与人协作时那样，将自身的兴趣扩展到别人身上去的。然而，我们还是不应当急于下结论，或许，这两个孩子曾经也是好朋友呢。

"由于妹妹和我是家里最小的孩子，因此直到她（年纪小的那位）学会走路之后，家里才允许我去上学。"此时，两个孩子之间的竞争就是显而易见的了。我的妹妹拖累了我！她比我小，可我却不得不等着她。她限制了我的发展潜力！假如此种记忆的意义确实如此，那我们就能预料到，这个女孩子或者男孩子会这样认为："我人生当中最大的危险，就是有人限制了我，并且妨碍到了我的自由成长。"叙述这段记忆的，很可能是一位姑娘。一个男孩子似乎是不太可能被耽搁到妹妹都可以上学的时候才去上学的。

"因此，我们就是同一天上的学。"对于一个位于这种处境中的姑娘来说，我们可不该把这种做法称为一种最好的教育方式。这样做，很可能会给她留下这样一种印象：由于她年纪大，因此她必须落在后面。不管怎样，我们都能看出，这位姑娘就是这样理解的。她觉得自己由于妹妹而受到了忽视。她会把这种被忽视的责任归咎给某个人，十有八九，这个人就是她的母亲。倘若她因此而更加亲近父亲，并且试图让自己变成父亲最喜欢的人，我们也就不该感到奇怪了。

"我还清清楚楚地记得，母亲跟每个人都说，我们第一天上学去了之后，她觉得是多么的孤单。她说道：'那天下午，我一次又一次地跑到门口，去找我的女儿们。当时我还以为她们永远都不会回来了呢。'"这是对她母亲的描述，而这种描述，说明那位母亲的做法不是很明智。这就是母亲在这个姑娘心中的形象。"以为我们永远都不会回来了"，说明那位母亲显然对女儿们充满感情，而女儿们也明白她的感情；可与此同时，母亲也很焦虑、很紧张。假如我们能够与这位姑娘谈一谈，她就有可能告诉我们更多关于母亲偏爱妹妹的事情。这样一种偏爱，并不会让我们觉得惊讶，因为家中最小的孩子几乎一向都是最受宠爱的。

从这一整段早期记忆中，我应当可以得出结论说，两姊妹中的姐姐觉得自己因为与妹妹的竞争而受到了牵制。在她日后的生活中，我们应当有望看到一些表示她有嫉妒和害怕竞争心态的迹象。倘若发现她不喜欢年纪比自己小的女性，我们也不会觉得奇怪。有些人在一生当中都觉得自己年纪太老，而许多嫉妒心重的女性，在年纪比自己小的女性面前，也都会感到自卑。

2."我的最早记忆，就是爷爷的葬礼，当时我还只有三岁。"

这是一位姑娘记下来的。死亡这一事实，给她留下了深刻的印象。这意味着什么呢？说明她已经把死亡视为生活中最大的一种不安全和最大的一种危险。从儿时的往事当中，她得出了这样一种教训："爷爷也会死去。"我们很可能会发现，她是爷爷最喜欢的一位孙女儿，爷爷很宠爱她。爷爷奶奶几乎都会溺爱自己的孙辈。与孩子的父母相比，爷爷奶奶没有那么多的抚养教育义务，因此他们常常都希望把孩子们拴在自己身边，从而表明他们仍然能够赢得别人的爱戴。我们的文化，并没有那么容易让老年人确信自己仍然有价值，因此有的时候他们会试图通过轻松的途径来让自己相信这一点，比如发牢骚。所以，我们倾向于认为，这位孙女还在婴儿时期，爷爷就很宠爱她，也正是他的溺爱，才让他深深地留在了她的记忆里。他的去世，让她觉得是一种沉重的打击。这就好比是有人夺走了她的一个手下和伙伴似的。

"我还清清楚楚地记得看到他躺在棺材里的样子，他躺在那儿，一动不动，脸色苍白。"我不太肯定，让一个三岁的孩子看到逝者的样子，是不是一种好的做法。起码来说，也应当预先让孩子作好心理准备才是。孩子们经常告诉我，说他们看到某位死者后都留下了深刻的印象，并且日后再也无法忘怀。这位姑娘就没有忘记。这种孩子都会努力去降低或者克服死亡这种危险。他们的抱负，通常都是当一名医生。他们认为，医生比别的人更有本领来与死亡作斗争。倘若问一位医生的早期记忆是什么，那么其中常常会含有某种对于死亡的记忆。"躺在棺材里，脸色苍白，一动不动"，是对某种可见情景的记忆。这位姑娘很可能属于视觉型，即喜欢观察世界的那一类。

"接着便到了墓地，把棺材放下去的时候，我还记得人们把绳子从那具粗糙的棺木之下抽出来的情景。"她告诉我们的，又是自己见到的情景。因此，我们说她属于视觉型的这一猜测便得到了证实。"这次经历带给我的，似乎就是一提到我的哪位亲属、朋友或者熟人不在人世了，我就会害怕得浑身发抖。"

我们可以再一次注意到死亡给她带来的巨大影响。倘若有机会与她交谈，我就会问她："您将来想要干什么呢？"她或许会这样回答："当一名医生。"如果她不回答，或者是回避这个问题，那么我自己就会提出来："难道您不想当一名医生或者护士吗？"当她提到"不在人世"的时候，我们能够看出她对惧怕死亡这种心理进行补偿的方法来。从她的整个记忆当中，我们了解到的是：她的爷爷对她很和善，她属于视觉型，而死亡在她的心中也扮演着一个重要的角色。她从人生当中总结出来的意义就是："我们必定都会死去。"这一点，无疑是事实。不过，我们还会看到，并非每一个人都有这种相同的主要关注点。而我们所关注的，可能还有其他诸多的方面。

3. "我三岁的时候，我的父亲……"

一开始，她就提到了自己的父亲。我们可以推断，这位姑娘更关注自己的父亲，而不是她的母亲。对父亲产生关注，往往都属于儿童成长过程中的第二个阶段。起初，孩子会更关注母亲，因为在一两岁的时候，孩子与母亲之间的协作非常紧密。孩子需要母亲，并且离不开母亲；孩子精神上的所有追求，全都与母亲息息相关。倘若孩子转而开始关注父亲，那就说明母亲做得不好，说明孩子对自己的处境感到不满。这一点，通常都是母亲又生了一个孩子而导致的结果。如果在这段回忆中，我们听到她说自己还有一个弟弟或者妹妹，那么我们的推断就会得到证实了。

"父亲曾经给我们买了一对小马驹。"这说明家里不止她一个孩子，因此我们很感兴趣，想要听一听另一个孩子的情况。"他牵着缰绳，把马儿领到了家门口。我的姐姐比我大三岁……"我们必须修正一下自己的理解了。我们曾经料想这位姑娘是姐姐，可最终却表明，她其实是妹妹。或许，母亲最宠爱的是姐姐，也正是出于这个原因，这位姑娘才会提到父亲，以及父亲给她们买的那一对小马驹。

"姐姐牵过缰绳，得意扬扬地领着她的那匹马驹沿着街道往前走。"在这里，她说自己的姐姐是"得意扬扬"。"我自己的那匹马驹呢，急急忙忙地跟在她的那一匹后面，走得太快，我追都追不上。"——这种事情，就是姐姐领先所导致的结果！——"一下子就把我拖倒在地，摔了个嘴啃泥。一种我原本以为会让人兴高采烈的体验，结果却是那么丢人。"姐姐获得了胜利，已经得了一分。我们完全可以肯定，这位姑娘的意思就是："如果我不小心的话，姐姐总是会赢我。我总是会被她打败，我总是会摔倒在地。确保安全的唯一办法，就是走在前面当第一。"我们也可以理解，姐姐在母亲那里也取得了胜利，而这一点，正是妹妹转而去关注父亲的原因。"虽然后来我超过姐姐，成了一名女骑手，可一点儿也没有冲淡这种沮丧失望的感觉。"我们的所有推测，此时都已经得到了证实。我们可以看出，这两姊妹之间进行的是一种什么样的竞争。妹妹觉得："我总是落在后面，我必须努力领先才是。我必须胜过其他人。"这就是我已经描述过了的一种类型，这种类型在第二个孩子或者最小的孩子当中极其常见。这样的孩子往往都会有一个领跑人，并且他们始终都在尽力超过这个领跑人。这位姑娘的记忆，强化了她的态度。这种记忆告诉她的就是：“如果有人在我前头，我就很危险。我必须始终保持第一。”

4.“我的最初记忆，就是被大姐带去参加派对和其他社交场合，我出生的时候，大姐都差不多十八岁了。”

这位姑娘记得自己是社会的一分子，因此在这种记忆里，我们或许会发现一种程度比其他记忆更高的协作性。她的姐姐比她大了十八岁，实际上已经承担起了母亲的角色。大姐是家里最宠爱她的人，不过，大姐似乎用一种非常明智的方式，将妹妹的兴趣扩展到了其他人的身上。

“由于我出生之前，大姐是家里唯一的女儿，还有四个男孩，因此她自然很乐意带着我到处显摆显摆。”这话听起来，一点儿也不像我们所想的那样好听。倘若一个孩子被拿去“显摆”，那么这个孩子日后可能就会变得只关注自己被人重视，而不去关注自己作出贡献了。“因此，我还很小的时候，她就带着我到处转。关于这些派对，我唯一记得的事情，就是她不断地要我说这样的话：‘告诉这位女士，你叫什么’，诸如此类。”这可是一种错误的教育方法，倘若发现这位姑娘说话结巴或者有语言障碍，我们就不该感到奇怪了。一个孩子之所以结巴，通常都是由孩子说话时表现出的某种关注太过强烈所致。孩子学到的不是自然、毫不紧张地与他人进行交流，而是忸怩羞怯，期待别人来赏识自己。

“我还记得，那时我经常会什么都不愿意说，因此回到家里后总是被姐姐责骂，以至于后来我开始讨厌出去，讨厌与人结识了。”我们的理解，必须进行彻底的修正才行。现在我们可以看出，隐藏在这种最初记忆背后的意思就是：“我被带去与其他人交往，可我发现那样很不愉快。由于有了这些经历，自那以后我就不喜欢这种协作了。"因此，我们预料得到，即便是在如今，她也不喜欢与人结交。我们应该预料得到，她在与人相处时会局促不安、忸怩羞怯，觉得自己必须出众才行，并且认为这种要求太过沉重了。她已经习得了在与同类相处时远离从容与平等了。

5."我小的时候，发生了一件非常重要的大事。在我差不多四岁的时候，曾祖母曾经到我们家来做客。"

我们已经看到，祖母通常都会溺爱自己的孙辈，可一位曾祖母会如何对待儿孙，我们迄今却还没有体验过。"她在我家做客的时候，我们拍了一张四代同堂的照片。"这位姑娘对自己的家世非常关注。由于她如此清晰地记得曾祖母来做客的情形以及拍摄的那张照片，因此我们十有八九可以得出结论说，她与家人之间的关系一定非常紧密。倘若这一结论正确，那么我们就会看到，她的协作能力不会超出自己家庭圈子之外。

"我还清清楚楚地记得，当时我们开车前往另一个小镇，以及到达照相馆后换上一条白色绣花裙子时的情形。"这位姑娘或许也属于视觉型。"在拍摄那张四代同堂的照片之前，我和弟弟一起拍了一张。"我们再一次看到了她对家人的关注。弟弟也是整个家庭的一分子，我们过后很有可能会听到更多关于她与弟弟之间关系的事情。"他们把他放到我旁边的一把椅子上坐着，还给了一个亮红色的球，让他拿着。"她记起的，又是一些可见的场景。"我站在椅子旁边，什么也没有给我拿。"现在，我们就看出了这位姑娘的主要追求。她对自己说，弟弟比她更招人喜欢。我们或许可以推断出，她觉得弟弟出生并取代了她在家里年纪最小、最受溺爱的位置，这是一件很令她不高兴的事情。"他们要我们笑一笑。"她的意思就是说："他们想要我笑一笑，可我又有什么值得微笑的呢？他们把弟弟放在宝座上，并且给了一个红亮亮的球拿着，可他们给了我什么？"

　　"接下来，就是拍摄那张四代同堂的照片了。大家都尽量摆出最好的模样，只有我除外。我可不愿意笑。"她之所以与家人针锋相对，是因为家人对她不够好。在这段最初记忆里，她也没有忘了将家人对待她的情形告诉我们。"要我弟弟笑的时候，他笑得很甜。他太可爱了。直到今天，我都还憎恨拍了这张照片呢。"这样的记忆，使得我们可以深入地去了解绝大多数人面对人生时的方式。我们接受了某种影响，然后利用它来证明自己的一系列行为都是合理的。我们会从中得出结论，并且显得这些结论仿佛都是显而易见的事实似的。很明显，在拍摄这张照片的时候，她度过了一段很不愉快的时间。如今，她依然憎恨拍摄了这张照片。我们通常都会发现，凡是不喜欢某种东西（比如这里的照片）的人，都会为自己的不喜欢选择一个理由，都会从自身的经历当中选取某种东西，来全盘证明这样做有理的原因。这段早期记忆，给我们提供了叙述者人格方面的两条主要线索。首先，她属于视觉型；其次，她与家人关系密切，并且这一点更加重要。她在自己早期记忆中的所有行为，都位于家庭圈子的范围之内。在社交生活方面，她很可能适应得不是很好。

　　6. "就算不是最最早的记忆，我的最初记忆之一也是我差不多三岁半的时候发生的一件事情。一位替我父母干活的姑娘把我和堂兄带到了地窖里，让我们尝了尝苹果酒。我们都非常喜欢苹果酒的味道。"

　　发现自家有地窖，并且地窖里还有苹果酒，这可是一种很有意思的经历。这相当于一次探险之旅。假如此时必须得出结论的话，那么我们可以推断出两个方面中的一个。这位姑娘或许喜欢面对新的环境，并且在对待人生时非常勇敢。而另一方面，她的意思没准是在说，有些人意志更强，能够怂恿我们，将我们领入歧途。这段往事余下来的部分，将会帮助我们作出判断。"过了一会儿后，我们决定再去尝一尝，于是我们开始毫不客气了。"这是一个勇敢的姑娘，她想要独立行事。"终于，我的双腿开始不听使唤，无法动弹，而地窖里又非常潮湿，因为我们任由苹果酒流了一地。"由此，我们就看出一名禁酒主义者是如何诞生的了！

"我不知道，这件事情跟我如今不喜欢苹果酒或者其他致醉酒类是不是有所关联。"一件小事，再次成了解释整个人生态度的理由。倘若把它与常识联系起来考虑，那我们就会看出，这件事情的重要性并不足以导致她得出这样一种结论。然而，这位姑娘在内心里却已经把它当成自己讨厌致醉酒类的充分理由了。我们很有可能会发现，她是一个懂得如何从自己的错误中吸取教训的人。十有八九，她的确特立独行得很，并且要是犯了错误的话，也很乐于改正。这种品质，可能就归纳出了她整个人生的特点。这就好比她说的是："我会犯错，但明白那是错误之后，我就会加以纠正。"如果情况果真如此，那她就属于一种非常不错的类型：在自身的追求、改善自身处境并始终寻求最佳生活方式的过程中积极主动、勇于进取。

在上述所有的例子当中，我们所作的不过都是训练自身，让自己掌握推断的技巧罢了，而在确定所得结论正确之前，我们还需要理解人格方面其他诸多的表达形式才行。现在，不妨让我们来举几个实践当中的案例。在这些例子当中，我们可以看出人格在所有表达方式当中的一致性。

有位时年三十五岁的男子来找我，因为他患上了焦虑性神经机能症。只有在离开家里之后，他才会觉得焦虑。他时常不得不去找工作，但一旦被安排进办公室里，他便会整天呻吟、哭泣，只有晚上回到家里，跟自己的母亲坐在一起才会停下来。当我问起他的最初记忆时，他回答道："我记得四岁的时候，有一次我坐在窗户边上，看着外面的街道，看到人们在那里工作，觉得很感兴趣。"他想看到别人工作，而自己则只想坐在窗户边上观察他们。要想改善他的病情，我们只有让他摆脱那种认为自己在他人的工作中无法进行协作的想法。到此时为止，他都以为生活的唯一方式就是获得别人的支持。我们必须改变他的整个观点才行。如果只是责备他，我们就会一事无成。通过用药或者腺体摘除，我们是无法让他信服的。然而，他的最初记忆却会让我们较为容易地向他提出，哪种工作会让他感兴趣。他的主要兴趣，就是观察。我们发现，他患有近视，正是由于有着这种劣势，他才更注意那些可见之物。在开始面对职业这一问题的时候，他想要的是继续旁观，而不是去工作，不过，这两个方面其实却并非一定是一对矛盾体。

他治愈之后，便根据自己的主要兴趣找到了一份工作。他开了一家美术商店。这样，他就能够为我们的劳动分工作出自己力所能及的贡献了。

有一位三十二岁的男子前来治疗，因为他患上了过激情绪失语症。除了低声耳语，他没法用更高的嗓门说话。这种情况已经持续两年之久了。有一天，他踩上了一片香蕉皮，滑了一跤，摔倒在一辆出租车的车窗上，之后就开始了这种情况。他呕吐了两天，此后便患上了偏头疼。他无疑受到了脑震荡，但由于他的喉咙并未发生什么器质性的改变，因此仅凭脑震荡这一点，并不足以解释他说不了话的原因。在八个星期的时间里，他完全没法说话。他的这场事故已经提交给了法院，只是诉讼还没有结束。他将事故的责任完全归咎于那名出租车司机，因而正在起诉那家出租车公司，要求获得赔偿。我们都能理解，假如能够表现出某种伤疾的话，他在这场诉讼中所处的位置就要有利得多。我们无须说他不诚实，不过，确实也没有什么重大的动力，可以让他大声说话。或许，他是在经历了那场事故的惊吓之后，的确发现自己说话困难，并且看不到有什么理由来改变这种状况。

这位病人已经去看过喉科专家，可专家却发现他的喉咙没什么问题。在问到早期记忆之后，他告诉我们说："我在吊着的摇篮里，脸朝上躺着。我记得看到挂钩脱落了。摇篮掉了下去，我受了重伤。"没人喜欢摔落，可这名男子却过分强调了摔落。他的注意力，全都集中在摔落所带来的危险上。这就是他的主要关注点。"我摔下去之后，门开了，我的母亲跑了进来，吓坏了。"他已经通过摔落，获得了母亲的关注，不过，这段记忆也是一种指责，即"她没有充分照料好我"。同样，出租汽车司机以及那家出租车公司也都负有责任。二者都没有充分照顾好他。这就是一个被惯坏了的孩子的人生态度，这种孩子，会想方设法地将责任推卸到别人身上。这位患者的第二段记忆，说的也是一种同样的经历。"五岁的时候，我从二十英尺[1]高的地方摔了下去，身上还压着一块沉重的木板。当时，有五分钟或者更久的时间，我一句话都说不出来。"这名男子非常擅长于失语。他已经习得了这种做法，把摔落当成了拒绝说话的一个理由。虽说我们

[1] 一英尺约合0.3米。

不能把这种事情当成一种理由，可在他看来，这一点似乎就是一种理由。他对这种方法很有经验了，因此，到了如今，只要一摔倒，接下来他就会自然而然地说不出话来。倘若明白这是一种错误，明白摔倒与失语之间并无联系，尤其是，倘若明白那次事故之后，他根本用不着低声说话达两年之久的话，那么他的症状就是可以治愈的。然而，在这段记忆当中，他也向我们说明了他之所以很难明白这些方面的原因。"我的母亲出来了，"他接着说道，"样子非常激动。"在上述两种情形中，他的摔落都让母亲惊骇不已，并将她的注意力转移到了他的身上。他是一个希望受到溺爱、希望处于关注中心位置的孩子。我们能够理解，他想要为自己的不幸获得补偿的心情有多么急切。倘若发生同样的意外事故，其他被惯坏了的孩子的做法可能也是一样的。然而，其他孩子很可能都不会想出语言障碍这样一种办法来。这一点，就是我们这位患者的标志，是他从自身经历中确立起来的那种人生态度的一个组成部分。

　　有位二十六岁的小伙子曾经来找我，诉说他找不到一份令自己满意的工作。八年前，在父亲的安排下，他进入了经纪人行业，可他一直都不喜欢这种职业，因此最近辞职不干了。他已经想尽办法去另找一份工作，但始终都没有成功。他还诉说自己失眠，并且经常想要自杀。他从经纪人行业里辞职后，便离开了家，在另一座城市里找了份工作。可不久后他接到了一封家书，说母亲病了，所以他只好回来，再次与家人一起生活。

　　从这段经历中，我们可能已经推断出，他曾经受到了母亲的溺爱，而他的父亲则曾经尽力在他面前树立权威。十有八九，我们应该都能发现，他的一生，其实就是反抗父亲权威的一场革命。当问到他在家中的地位时，他回答说，他是家里最小的孩子，也是家里唯一的儿子。他还有两个姐姐，其中，大姐经常想方设法对他发号施令，而二姐的做法也差不多没什么两样。父亲经常挑他的毛病，因此他深深地认为，自己被所有的家人控制了，母亲是他唯一的朋友。

他直到十四岁才去上学。后来，父亲送他到一所农学院去读书，以便日后儿子可以帮着他打理一个他打算买下来的农场。虽说这个孩子的学业进展顺利，可他却下定了决心，不想去当农民。给他在经纪公司里找了份工作的，也是他的父亲。极其令人惊讶的是，这份工作他竟然坚持了八年之久，不过，他给出的理由却是，他想要尽可能地为母亲多做一些事情。

小的时候，他既邋遢，又胆小，既怕黑，也怕别人不理他。我们听说一个小孩子很邋遢之后，往往必须去寻找那个替他收拾打扮的人。我们听说一个小孩子怕黑，并且不喜欢没人理睬之后，往往也必须去寻找那个他能够吸引关注且会给他以安慰的人。对于这个小伙子来说，那个人就是他的母亲。他已经发现，自己很难交到朋友，可在陌生人当中，他却觉得自己好交际得很。他一直都没有谈过恋爱，他对爱情不感兴趣，也从未想过要结婚。他认为父母的婚姻是很不幸福的，而这一点，就有助于我们理解他自己不愿结婚的原因了。

此时，父亲仍在对他施压，要他继续在经纪行业里干下去。虽说他自己想要从事广告行业，可他确信，家里是不会给钱让他去为这一职业作准备的。在每个方面我们都可以看出，他那样做的目的，都是为了反抗自己的父亲。他在经纪公司上班的时候，尽管当时已经自立，可他并没有想过可以用自己挣来的钱去学习广告专业。只是到了此时，他才想起了这一点，并把它当成对父亲的一种新的要求。

　　他的早期记忆，清晰地表明了一个受到溺爱的孩子对一位严父的逆反心理。他还记得自己在父亲开的那家餐馆里干活时的情形。他喜欢清洗碗碟，喜欢将碗碟从一张桌子上换到另一张桌子上。他胡乱摆弄碗碟的做法让父亲非常生气，因此父亲还当着顾客的面扇了他一耳光。他把儿时的经历当成一种证据，证明父亲是他的敌人，而他的整个人生就是一场反抗父亲的斗争。此时，他仍然并不是真的想要去工作。只要能够伤害父亲，他就会心满意足。

　　至于他的自杀念头，也是很容易解释的。每一桩自杀行为，都是一种谴责。通过想要自杀，他其实就是在说："我的父亲对这一切都负有罪责。"他对职业的不满意，针对的实际上也是他的父亲。父亲提出的每一项计划，儿子都会抵制，可他同时又是一个被娇惯了的孩子，因此在职业领域里做不到独立自主。他并不是真的希望去工作，他希望的只是玩乐。不过，他与母亲之间却仍然保留有某种程度的协作性。可是，他与父亲之间的抗争，又是如何有助于解释其失眠症状的呢？

　　假如他睡不着觉，那么第二天他就会无法去上班。父亲在等着他去上班，可儿子却疲惫不堪，无法上班。当然，他也可以说："我不想上班，也不想被迫去上班。"可他关心母亲，也关心家里拮据的经济状况。如果他只是直白地拒绝去上班，那么家人就会认为他完全不可救药，并且拒绝再供养他。因此，他必须有某种托词才行，而他找到的这种托词，显然就是失眠这种不请自来的厄运。

　　一开始的时候，他说自己从不做梦，可到了后来，他却回想起了自己经常做的一个梦。他梦见有人往墙上扔球，可球却总是弹走了。这似乎是一个无关紧要的梦。我们能够找出这个梦与他人生态度之间的联系吗？

我们问他："后来怎么样了呢？球弹走之后，您又有什么感受呢？"他告诉我们说："无论什么时候，只要球一弹走，我就会醒过来。"此时，他已经将自己失眠的整体结构表露无遗了。他把这个梦当成一台唤醒他的闹钟。在他的想象中，大家都希望推着他往前走，催促并强迫他去做一些他不想做的事情。他梦到有人正把一个球往墙上扔去。此时他往往都会醒过来。结果，第二天他就疲惫得很。若是疲惫不堪，他就无法去上班。他的父亲急于要他去上班。因此，通过这样一种迂回的办法，他就战胜了自己的父亲。假如只看到他与父亲之间的斗争，那我们就会认为，他很聪明，竟然发现了这样一种武器。然而，他的人生态度却不是很恰当的，无论是对他自己而言，还是对他人而言。因此，我们必须帮助他改变这种人生态度才行。

我对他的梦做了一番解释之后，他就不再做梦了，不过，他告诉我说，夜里有时他还是会醒来。他已经没有勇气继续去做那个梦了，因为他已经明白，别人可以发现他做这个梦的目的，可他仍然辗转反侧，弄得自己第二天疲惫不堪。我们该如何去帮助他呢？唯一可行的办法就是，调和他与父亲之间的矛盾。只要他的所有注意力都放在激怒和打败父亲这个方面，那么情况就会毫无好转。因此，我一开始便承认病人的这种态度是正当的，因为我们始终都必须如此开始才行。"您的父亲似乎彻底错了，"我说道，"他想利用自己的权威，任何时候都对您颐指气使，这样做是很不明智的。也许他是个病人，应当进行治疗吧。可您又能怎么办呢？您不可能指望着去改变他。假如天上下雨了，您又能怎么办呢？您可以带一把雨伞，或者乘坐出租汽车。可想要跟雨斗上一斗，或者压服它，是没有任何作用的。现在，您正是在浪费时间，跟雨作对呢。您以为这样就是强大。您以为自己正在打败它。可您取得的种种胜利，对自身的伤害其实比对任何人的伤害都要大。"我向他表明，他的所有表现，即对职业毫无把握、想要自杀、离开家庭以及失眠当中，存在着一种一致性，而且，我也向他表明，在所有这些表现当中，他其实是在通过惩罚自己来惩罚父亲。

我还向他提了一条建议："今晚您睡觉的时候，心里想着自己想要时不时地醒过来，好在明天变得疲惫不堪。想象一下，明天您疲惫不堪、无法去上班，您的父亲气得大发脾气时的情景。"我这样做，是想要他面对现实。他的主要关注点，就是惹恼和伤害自己的父亲。如果我们阻止不了这种争斗，治疗就不会有任何作用。他是一个被娇惯了的孩子。我们全都可以看到这一点，而现在，他自己也可以看到这一点了。

这种情况，与所谓的"恋母情结"极为相似。这个小伙子一心想要伤害自己的父亲，而且，他也极为依恋自己的母亲。然而，这并不是一个关乎性方面的问题。他的母亲一直溺爱他，而他的父亲则对他一直都很冷漠。他深受其苦的，是一种错误的训练，以及对自身处境的一种错误理解。遗传因素在他的问题当中，没有发挥出任何作用。他并不是遗传了远古时代那些杀掉并吃掉部落首领的野蛮人的本能。他是从自身的经历当中，自行创造出了这样一种问题。这样的态度，在每一个孩子身上都可以被重新激发出来。我们只需让孩子有一个像本例当中那样溺爱他的母亲，以及一个像本例当中对他那样严厉的父亲就行了。倘若孩子反抗自己的父亲，并且没能独立自主地去解决掉他所面临的问题，那我们就可以理解，孩子采取这样一种人生态度，是一种多么轻而易举的事情了。

第五章　梦境

　　几乎每一个人都会做梦，可理解梦境的人却寥寥无几。这种情况，看上去似乎令人惊讶。这是人类思维的一种普遍活动。人类一向都很关注梦境，并且一向都感到困惑，想要知道梦境所含的意思。许多人都认为，自己所作的梦具有深意。他们觉得，梦境既奇怪，又非常重要。我们可以看到，人类从其历史初期开始，就已经表现出了此种关注。尽管如此，从整体上来看，人类却仍然不懂自己做梦时究竟是在干什么，也不懂自己究竟为什么会做梦。据我所知，我们只有两种释梦理论，想要做到全面和科学地来解释这个方面。这两个宣称理解并能阐释梦境意义的流派，就是弗洛伊德的精神分析流派与个体心理学流派。而在这两种理论当中，或许又只有个体心理学家才会断言，他们的阐释完全符合常识。

　　虽说前人理解梦境的种种尝试可能都不科学，但它们还是值得我们加以注意。起码来说，它们也会说明人类以前是如何看待梦境的，以及曾经是用什么样的态度来对待梦境。由于梦是思维创造性活动的一部分，因此，假如我们找出了人们期待着从梦境当中获得的是什么，那我们距看出人们做梦的目的就不远了。

就在研究刚一开始的时候，我们发现了一个惊人的事实。人们似乎始终都想当然地认为，梦境会对未来产生某种影响。人们常常认为，在做梦的时候，某个杰出人物、某位神灵或者祖先会控制他们的心灵，并对他们的心灵施加影响。在陷入了困境的时候，人们会利用自己所作的梦来获得指引。古时的断梦占卜书籍中，都有解释一个梦会对做梦者的未来命运具有何种意义的方法。原始民族会到自己的梦境中去寻找预兆和预言。古希腊人和古埃及人会到神庙里去，希望做一个会对他们未来的人生产生影响的圣梦。人们认为这样的梦具有治疗作用，能够消除人们生理上或者心理上的问题。美洲的印第安人曾经通过涤罪、斋戒和发汗热浴，煞费苦心地来感应梦境，并且把他们对于梦境的诠释，当成是他们行为举止的基础。在《旧约全书》中，梦境也往往被诠释为揭示了未来之事的某些方面。即便是到了今天，也还有人坚称，说他们做过的一些梦后来都成了现实。他们都认为自己在梦境里洞察入微，都认为自己做的梦能够莫名其妙地接触到未来，并且能够预言出未来将会发生什么样的事情。

　　从科学的角度来说，这些观点在我们看来似乎都荒谬得很。从我第一次试图解决梦境这一问题的时候开始，在我看来，一个正在做梦的人，与一个清醒着、能够更加全面地掌控自身各种官能的人相比，显然更加无力去预测未来。显而易见的是，我们将会发现，梦境非但不会比我们的日常思维更具智慧和更具预言性，反而会更加混乱，更加让人搞不懂。尽管如此，我们还是必须注意到人类的这一传统，即认为梦境与未来具有某种程度的联系，而且，从某种意义上来说，我们或许也会发现这种传统并非全然不对。假如我们用正确的观点来看待的话，这种传统可能还会给我们带来一直缺少的那种关键线索呢。我们已经可以看出，人类认为梦境能够为他们的问题提供解决之道。因此我们可以断定，一个人做梦的目的，就是为了寻求未来的指引，为了给自己遇到的问题寻找一种解决办法。这样做，与我们全然接受梦境具有预言性的观点相去甚远。我们还需要考虑，做梦者寻求的是一种什么样的解决办法，以及做梦者希望从哪里获得这种解决办法。而梦境提供的任何一种解决办法，都会比我们面对着全局时利用常识性思维得出的解决办法更不好，这一点依然是显而易见的。事实上，做梦的时候一个人其实是希望在睡梦里解决自己的问题，这种说法并不是很过分。

在弗洛伊德的观点当中，我们发现了一种实实在在的、认为梦境拥有一种可以科学地加以理解意义的努力。然而，在好几个方面，弗洛伊德学派的阐释却都使得梦境脱离了科学的范畴。比如说，这种观点提出，思维在白天的作用与思维在夜晚的作用之间存在着一种不一致。这种观点将"意识"和"潜意识"彼此对立起来，并且给梦境赋予了其特定的、与日常思维法则相对立的法则。不管在什么地方，只要看到这样的对立，我们都必须断定这是一种不科学的思想观点。在原始民族和古代哲人的思维当中，我们往往都能看到这种将概念完全对立起来、将它们视为矛盾的强烈愿望。这种对立态度，可以在精神病患者身上得到极其清晰的说明。人们常常认为左和右是一对矛盾，认为男和女、热和冷、轻和重、强和弱都是矛盾体。而从科学的角度来看，它们其实并非互为矛盾，而是不同的种类。它们属于某一范围内的不同级别，是按照它们与某种理想化的功用的近似程度来加以排列的。同样，好与坏、正常与异常也并非矛盾体，而是不同的种类。任何一种将睡眠与清醒、梦境思维与日间思维对立起来的理论，都必然是一种不科学的理论。

原汁原味的弗洛伊德学派观点中，还有一个难题，那就是这种观点认为梦境与性经历有关。这一点，也使得梦境与人类的普通追求和活动割裂开来了。倘若果真如此，那么梦境具有的意义所表达的，就不会是整个人格，而只是人格当中的一部分。弗洛伊德学派的人本身也发现，光是从性方面来阐释梦境是不够的，因此弗洛伊德还提出，我们在梦境中可能还会看到一种无意识地渴望死亡的表达。或许我们可以发现，在某种意义上来说，这种观点是对的。正如我们已经注意到了的那样，梦境本来是一种给问题找出容易的解决办法的努力，表明一个人已经丧失了勇气。然而，弗洛伊德学派的这一术语，却具有高度的隐喻性，并没有让我们更加接近于找出整个人格是如何在梦境中得到反映的。因此，梦境中的生活似乎再一次严格地与我们白天的生活割裂开来了。在弗洛伊德学派的种种尝试当中，我们获得了许多有趣的、可贵的线索。例如，其中尤其有用的是这样一条线索：重要的并非梦境本身，而是梦境当中的深层思维。在个体心理学里，我们也得出了一个与此有点儿类似的结论。精神分析疗法当中欠缺的，正是一门心理科学必不可少的第一要素，即认识到人格的一致性与个人在自身所有表达当中的一致性。

这种欠缺，从弗洛伊德学派对释梦过程中一个关键问题的回答里，就可以看出来。这个问题就是："做梦的目的是什么？我们做梦究竟是为了什么？"精神分析学家会回答说："为了满足个人那些没有达成的愿望。"不过，这种观点却绝对不会解释清楚一切。倘若所作的梦消失了，倘若做梦的人忘记了或者无法理解所作的梦，那么这种满足感又在哪里呢？所有的人都会做梦，可几乎没有人理解自己所作的梦。我们能够从梦中获得什么样的快乐呢？假如梦中的生活脱离了我们白天的生活，而做梦所带来的满足感产生于其自身的一种生活，那我们或许就能理解做梦者所作之梦的目的了。但是，这样一来，我们就失去了人格的一致性。这样的话，梦境对醒着的人就没有任何目的性了。从科学的观点来看，做梦的与醒着的是同一个人，因此梦境的目的性必须适用于这种人格的一致性才是。确实，在某种类型的人身上，我们可以将他们在梦中实现愿望的追求与他们的整个人格联系起来。这种类型，就是那些被娇惯了的孩子，就是那些始终都在问"我怎样才能获得满足感？人生会带给我什么东西"的人。这种人可能会到梦境里去寻求满足感，就像他们在自身其他的所有表达中的做法一样。实际上，倘若加以细究，我们就会发现，弗洛伊德学派的理论其实就是那些被惯坏了的孩子一贯的心理状态，因为他们觉得自己的本性绝对不能否定，认为他人存在是不公平的，并且始终都在这样问："我为什么要去爱自己的邻居呢？邻居爱不爱我呢？"精神分析学本来就是以一个孩子被惯坏了为前提发展起来的，并且最全面、最彻底地弄懂了这些前提。不过，对于满足感的追求，却只是无数种不同的优势追求当中的一种罢了。因此，我们自然不能把它看成人格所有表达的核心目的。而且，就算真的发现了梦境的目的，我们也必须有人帮忙，才能理解忘记梦境或者不理解梦境会有什么样的目的。

差不多二十五年前我开始想要找出梦境的意义之时，这一点正是我面临的一个最令人烦恼的问题。我看得出，梦境并不是我们清醒时的生活的一种对立，它必定始终都与我们在人生当中的其他活动和表达一脉相承。假如在白天的时候我们一心追求的是实现自己的优势目标，那么到了晚上，我们一心想的也必定是同一个问题。每个人做梦的时候，必定都会像是自己在梦中有什么任务必须完成似的，会像自己在梦中也必须去追求优势似的。梦境必定是人生态度的一种产物，而且必定有助于形成和巩固一个人的人生态度。

有一个方面，直接有助于我们阐述清楚做梦的目的。我们都会做梦，可到了早上，我们通常却都会忘记做了什么梦。什么也想不起来了。可真的这样吗？真的春梦无痕，什么也没有留下来吗？其实还是留下了某些东西，即留下了被我们的梦境所激发出来的情感。梦中的情景无一留下；我们对梦的意义毫不理解，只有梦中的感受留了下来。因此，做梦的目的，必定存在于梦境所激发出来的情感当中。做梦只是激发情感的手段和工具罢了。做梦的目标，就在于梦醒后留下种种情感。

一个人产生出来的情感，必定会始终与其人生态度保持一致。梦境思维与日间思维的差异并不是绝对的，二者之间并没有严格的分界。若要用寥寥数语来简单地概括一下它们之间的差异，那就是：梦境里排除掉了更多与现实相关的联系。梦境并不是全然与现实脱了节。我们睡觉的时候，仍然与现实保持着联系。假如由于种种问题而心感烦恼，那么我们的睡眠也会受到干扰。在睡梦中我们能够调整好自己的睡姿，使我们不至于掉到床下。这一事实表明，此时我们与现实之间依然存在着关联。一位母亲，可以在街上人最喧闹的时候睡着，但只要孩子稍稍一动，就会醒来。即便是在睡梦中，我们也仍然与外界保持着联系。然而，在睡梦中，我们的感觉虽说依然存在，但感觉的敏锐性却会降低，而我们与现实之间的联系也会减弱。做梦的时候，我们都是自己一个人在做。此时，伴随着我们的社会需求也没那么紧迫。在梦思当中，我们也不会受到刺激来那么诚实地认真对待周围的环境。

只有当我们摆脱了紧张情绪，并且对解决自身问题的办法很有把握的时候，我们的睡眠才不会受到干扰。对平静而宁谧的睡眠产生干扰的因素之一，就是做梦。我们可以断定，只有当我们对解决自身问题的办法没有把握，只有现实即便是在睡眠的时候也在对我们施加压力、给我们带来困难的时候，我们才会做梦。做梦的使命，就是为了面对我们所遇到的困难，并且提供某种解决办法。现在我们就可以开始看出，思维在睡眠时是如何攻克问题的了。由于我们在睡眠中应对的并不是全盘情况，因此这些问题会显得容易一些，而提出的解决办法需要我们自身去加以适应的方面也会尽可能地少。做梦的目的，就是为了支持我们的人生态度，为了激发出与之相应的情感来。不过，人生态度为什么需要获得支持呢？什么东西能对人生态度构成打击呢？人生态度只能受到现实与常识的打击。因此，做梦的目的，就是支持人生态度来与常识的要求进行对抗。这给我们带来了一种很有意思的顿悟。倘若一个人面临着一个问题，而他又不希望遵循常识的原则来解决这个问题，那么，他就可以通过梦中激发出的情感，来肯定自己的态度。

　　乍一看去，这一点似乎与我们清醒时的人生相互矛盾，不过，二者之间其实并不矛盾。在睡梦中，我们可以用与醒着时完全一样的方式激发出情感来。假如有人面临着一个难题，并且不希望利用自身的常识来面对这个问题，而是希望继续保持原有的人生态度，那么他就会竭尽全力来证明自己的人生态度是对的，并且显得有这种人生态度就足够了。比如说，假设他的目标是赚松快钱，既不用去努力奋斗与工作，也不用为他人作出贡献，那么他就会想到，自己没准儿可以去赌博。他明知许多人都因为赌博而输了钱，并且招致了不幸，可他希望过上安逸的生活，希望用一种松快的方式让自己富裕起来。他会怎么做呢？他会一门心思，只想到钱所带来的种种好处。他会想象自己通过投机赚了钱，买了一辆车，过上奢华的生活，同事朋友们都知道他成了富翁。通过这些幻想，他会激发出种种情感来推动自己一路走下去。他会置常识于不顾，开始赌博。而在一些更为常见的情况下，也会出现相同的现象。假如我们正在干活的时候，有人跟我们说起他看过并且很喜欢的一部戏剧，那我们可能都会开始想要停下手头的活儿，到剧院里去看戏了。倘若一个人恋爱了，他就会幻想自己的未来；而如果他真的迷上了对方，那么他就会把未来想象得很美好。有的时候，如果一个人觉得悲观，他就会把将来想象得暗淡无望。可不管怎样，他都是在激发出自己的情感，而我们通过注意到他激发出来的情感种类，往往都可以看出他是一个什么样的人。

不过，要是做完梦之后除了情感什么也没有留下，那常识又会是个什么结局呢？做梦是常识的对立面。我们很有可能会发现，那些不喜欢被自己的情感所欺骗的人，那些更喜欢沿着科学道路前进的人，都不会经常做梦，或者根本就不做梦。而其他一些背离常识的程度较厉害的人，则不会想要通过正常和有益的方式来解决他们的问题。常识是协作性的一个方面，因此，那些习得协作性程度差的人，都对常识很反感。这些人会经常做梦。他们渴望自己的人生态度能够战胜一切并且显得理由充分，他们希望逃避现实所带来的考验。我们必定会得出这样一个结论：梦就是一种尝试，目的是在一个人的人生态度与他目前面临的问题之间架起一座沟通的桥梁，而无须对他的人生态度提出任何新的要求。人生态度就是梦的主人。它始终都会激发出一个人所需的情感。我们在一个人其他的所有症状与性格特点当中看不到的东西，在梦境里也不可能看到。虽说不管做不做梦，我们都会用同样的方式来解决问题，但是，梦却为一个人的人生态度提供了支持和正当的理由。

倘若果真如此，那么我们在理解梦境这个方面就达到了一种新的、极其重要的水平。在梦里，我们其实是在欺骗自己。每一个梦，都是一种自动麻醉，都是一种自我催眠。梦的整体目标，就是激发出那种让我们作好准备去应对所处局面的心境。从梦境当中，我们应当能够看到那种与我们在日常生活里发现的人格完全一样的人格来。但我们应当明白，他可以说是在思想的车间里准备好自己的情感，以便到了白天的时候去加以利用。倘若我们的观点正确，那么，即便是在一个梦的形成过程中，在梦所利用的手段当中，我们也应当能够看到自我欺骗的表现。

我们会发现什么呢？首先，我们会发现某种对情境、事件和情节的选择。前面我们已经提到过这些方面的选择了。一个人在回顾以往的时候，就像是在制作一份情境与事件的选集。我们已经发现，这种选择具有倾向性；一个人只会选取记忆中那些能够支持其自身优势目标的事情。掌控一个人的记忆的，就是他的优势目标。同样，在一个梦的形成过程中，我们也只会选取那些符合我们的人生态度，以及表达出了在面对当前问题时人生态度有何种要求的事情。这种选择的意义可能什么都不是，只是与我们自身所处困境相关的那种人生态度的意义。在梦里，人生态度必须有自己的方式。在现实当中去应对这些困难需要用到常识，可人生态度却会拒绝作出让步。

做梦还会利用到哪些其他的手段呢？从人类历史初期开始，人们就已经发现，梦主要是由隐喻和象征构成的；如今，弗洛伊德也特别强调了这一点。正如一位心理学家所言："在自己的梦里，我们全都是诗人。"那么，梦境为什么不用一种简单、直接的语言来表达，而要用诗意与象征这样朦胧晦涩的方式来表达呢？这是因为，假如平铺直叙，不用隐喻或者象征的话，我们就没法避开常识。隐喻与象征，还有可能被人们滥用。它们可以把不同的含义结合起来；它们可以同时含有两种意思，其中一个或许还是大错特错了的。从它们当中，我们可以得出不合逻辑的结论来。它们可以用于激发情感。再说，在日常生活中，我们也会看到这一点。比如，假如我们想要纠正某人的做法时，会这样说："别像个小孩子似的！"我们会问："为什么要哭哭啼啼的？难道你是个女人吗？"我们在运用隐喻的时候，往往会不知不觉地夹杂着一些不相关的东西，以及一些仅仅针对情感的东西。或许，一个身材高大的男子会对一位小个子男人很生气，如此说道："他就是一条可怜虫。真想一脚就踩死他。"通过运用隐喻，他就容易保持自己的怒气了。

　　隐喻是说话时一种非常奇妙的手段，不过，在运用隐喻的时候，我们往往可能欺骗自己。当荷马在描绘希腊军队有如雄狮一般在战场上纵横驰骋的时候，他给我们提供了一幅壮丽无比的景象。难道我们会相信，他真的愿意去实打实地描述那些可怜而肮脏的士兵在战场上小心翼翼、蹑手蹑脚地前进时的情形吗？不！他希望我们把这些士兵想象成一头头雄狮。我们都明白，他们实际上不是狮子。不过，倘若诗人描绘出了士兵们呼吸沉重、汗如雨下的情景，描绘出了他们如何停下来重整士气或者避开危险的画面，描绘出了他们的盔甲有多么破旧，以及其他无数种诸如此类的细节，那我们就不会留下如此强烈的印象了。隐喻是用于激发美感、想象力与幻想的。然而，我们必须坚持的是，一个具有错误人生态度的人运用起隐喻和象征来，往往会很危险。

　　一位学生即将参加一场考试。问题非常明确，他应当鼓起勇气，凭借常识来加以应对。不过，倘若他的人生态度是逃避的话，那么他就有可能梦见自己正在一场战争中作战。他会用一种夸张的隐喻来想象这个简单明了的问题，这样一来，他就有了更加正当的理由来觉得害怕了。或者，他会梦见自己正站在一条深渊之前，他必须掉头往回跑，才不至于掉下去。他必须激发出种种情感，才能帮助他逃避和不去考虑这场考试，因而他会通过在梦中把考试等同于深渊来欺骗自己。从这一点上，我们可以发现人们在梦里经常运用到的另一种手段。那就是，我们会在梦中把一个问题加以简单化、缩减，直到原来那个问题最终只有一部分剩了下来才会罢手。接下来，剩下的这一部分便会通过某种隐喻表达出来，我们还以为它与原来那个问题似乎并无不同呢。比如说，另一名比较勇敢、对未来比较乐观的学生，则会希望完成自己的任务，希望通过这场考试。然而，他仍然会希望获得鼓励，他仍然会希望消除自己内心的疑虑，因为他的人生态度需要这样。在考试前夜，他梦见自己正站在一座高山之巅。他的处境被极大地简化了。梦中的场景，只代表了他人生中整个环境里最小的一部分。考试对他来说，原本是个非常重要的问题，但通过将问题当中的许多方面排除掉，并且让自己的注意力集中在成功的前景之上，他就激发出了那些对自身有益的情感。第二天早上起床的时候，他就会觉得心情愉快、精力充沛，也比以前更加勇敢了。他已经成功地将自己必须面对的困难最小化了。尽管他消除了心中的疑虑是一种事实，可实际上他却是在欺骗自己。他并没有一心想着用符合常识的办法来面对整个问题，而是激发出了一种自信感。

　　这种激发情感的方式，并没有什么稀奇的。一个想要跳过一条小溪的人，可能会在跳之前从一数到三。他在跳之前数到三，真的有那么重要吗？跳与数到三之间，有什么必然的联系吗？一点儿也没有联系。然而，他之所以会数到三，是为了激发出自己的情感，是为了集中起全身的力量。我们人类的思维当中，早已有了培养出某种人生态度、将其确定下来并加以巩固的所有方法，而其中最重要的一种方法，便是激发出情感的能力。我们日日夜夜都在不停地使用着这种本领，不过，这种本领或许在晚上显得更加清楚。

　　我不妨用自己做过的一个梦，来说明我们欺骗自己的方式。在战争期间，我曾经担任过一家医院的院长，那家医院是治疗患有神经官能症的士兵的。每当看到那些没有作好参战心理准备的士兵，我都会想方设法，在自己做得到的情况下给他们派一些比较容易的任务，以此来减轻他们的思想负担。他们摆脱了大部分的紧张心态，而这一做法通常也都非常成功。有一天，一名士兵来找我，他是我迄今见过的体格最好、最强壮的一个人。他的情绪非常低落，而在给他进行检查的时候，我心里一直在想，不知怎样去治疗他。当然，我原本宁愿把每一个前来治疗的士兵都送回国内去，不过，我的所有建议都必须得到一位上级军官的批准，而我的仁慈之心也只能保持在允许的限度之内。对于这位士兵的情况，我很难作出决断，可到了最后，我还是说："您患上了神经官能症，不过您的身体非常强壮，也很健康。我会给您派一些轻松的任务，这样您就不必去前线作战了。"

　　这位士兵的样子非常可怜，回答说："我是个穷学生，必须通过教课来养活我的老父老母。要是我教不了课，他们就会挨饿。假如我养不了他们，他们就会饿死的。"听了这话，我觉得必须给他找一种更加好干的任务，那就是送他回国，去办公室里干文职工作。可我又担心，假如提出此种建议的话，我的上司可能会发火，会把他派到前线去作战。最终，我还是决定尽力按照自己的本意去做。我会给他开出证明，说他只适合干警卫工作。那天晚上回到家里、上床睡觉之后，我便做了一个非常可怕的噩梦。我梦见自己成了一个杀人犯，在黑暗而狭窄的巷子里到处逃窜，想要弄清楚我究竟谋杀了谁。虽说我记不起被杀的人是谁，但我心想："既然我犯了谋杀罪，那我也完蛋了。我的人生结束了。一切都结束了。"这样，我在梦里呆若木鸡，浑身是汗。

醒来之后，我首先想到的就是："我究竟把谁给杀了？"接着我便想到："假如我不让这名年轻的士兵到办公室里去干文职工作，那么他可能会被派往前线，然后牺牲。这样一来，我就成了杀他的凶手。"大家都明白我是如何激发出情感来欺骗自己的了吧。我当然不是什么凶手，就算的确出现了此种不幸事件，我也是没有过错的。可我的人生态度，却不允许我去冒这样的风险。我是一名医生，我的职责就是挽救生命，而不是让生命陷入危险当中。我又想，就算我给这名士兵派了一种更加轻松的任务，我的上司也会把这名士兵派往前线，那么情况也不见得会更好。后来我突然想到，如果想要帮助他，那么我唯一要做的事情，就是遵循常识方面的准则，而不要去干扰到自己的人生态度。于是，我便出了一个证明，说他只适合从事警戒任务。后来的情况证明了一个事实，那就是我们往往最好都遵循常识来行事。上司看我的建议之后，将它划掉了。当时我心想："这下完了，他一定会把那名士兵派往前线的。我终究还是应该派那名士兵到办公室里去从事文职工作的。"可接下来，我的上司所签的意见却是："六个月的办公室文职兵役。"最终表明，这名军官收了好处，以便让那名士兵轻松过关。那位年轻的士兵一生当中从来都没有教过课，而他所说的一切，也全都是假话。他编出那套谎话，只是为了让我给他安排一项轻松的任务，而那位收了好处的上司肯定能够批准我的建议。从那一天起，我就觉得，还是不要做梦为好。

做梦的目的是为了欺骗和麻醉我们自己，这个事实正好说明了很少有人能够理解梦境这一事实。假如理解了梦境，梦就不可能欺骗我们了。它们也就不可能在我们的内心再激发出情感和情绪来。我们会更愿意用符合常识的方法去行事，会拒绝按照梦境的提示去行事。倘若理解了梦境，做梦就没有了目的性。梦是沟通当前面临的现实问题与人生态度之间的桥梁，但是，人生态度应当不需要任何的强化手段。它应当直接与现实发生联系。人们会做各种各样的梦，而每一个梦，也都揭示出了在面临某种具体处境时，一个人会认为自己的人生态度在哪个方面必须得到强化。因此，对梦境的诠释往往都具有个人的特点。我们不可能用公式来对符号与象征进行阐释，因为梦是人生态度创造出来的，源自一个人对自身所处特定环境的理解。就算我会简单地描述一些比较典型的梦境，我也并不是打算提出释梦的一种经验法则来，而只是为了帮助我们理解梦境及其意义。

许多人都做过飞翔的梦。这些梦的关键与其他的梦一样，都能于梦境中激发出来种种情感。这种梦的背后，隐藏着一种乐观与勇敢的心态。它们会引导一个人从下到上。它们将克服困难、追求优势目标的过程当成小菜一碟。因此，它们让我们可以推断出，做梦者是个勇敢的人，既有进取之心，又雄心万丈，即便是在睡觉的时候，也放不下自己的壮志豪情。它们涉及这样一个问题："我是应该继续下去呢还是放弃算了？"而它们给出的答案，则是："我的前进道路上没有障碍。"同样，也很少有人没做过从高处掉落的梦。这一点非常值得我们注意，它说明人类的思维里往往会更多地充斥着自我保护意识以及对失败的担心，而不是努力去克服困难的心态。倘若我们没有忘记，我们传统的教育方式是提醒孩子、让孩子当心，这一点就是可以理解的了。孩子们往往会听到这样的告诫："别爬到椅子上去！别去拿剪刀！离火远一点儿！"他们总是处于我们虚构出来的种种危险当中。当然，真正的危险也是存在的，只不过，让一个人变得胆小怕事，是绝不会有助于他去面对这些危险的。

倘若人们经常梦到自己瘫痪了，或者梦到自己没有赶上火车，这种梦的意义通常就是："要是这个问题不用我来动手就过去了，那该多好啊。我必须绕过这个问题才行；我必须到得太迟，这样就不用面对它了；我必须任由那辆火车开走。"许多人都梦到过考试。有的时候，发现自己年纪这么大了还在参加考试，或者是不得不去通过一门他们早已通过的考试，会让他们大吃一惊。对于有些人来说，这种梦的意义会是："你并没有准备好去应对自己眼前的问题。"而对于其他一些人来说，这种梦的意义则会是："你早已通过了这种考试，因此目前面临的这场考验你也会通过。"一个人所用的象征，绝不会与另一个人的完全一样。对于梦境，我们必须考虑的，主要就是梦中残留下来的心境，以及这种残留心境与一个人整个人生态度之间的一致性。

曾经有位三十二岁的精神病患者前来治疗。她是家里的第二个孩子，并且与绝大多数家庭中的老二一样，也很有抱负。她事事都想争第一，想用一种完美无瑕、无可指摘的办法来解决所有的问题。后来她患上了神经衰弱症。她与一个年纪比她要大的已婚男子产生了感情纠葛，而这位情人的生意后来失败了。她一直都希望能够嫁给他，可他却离不了婚。她曾经做过一个梦，梦见她在乡下时，曾经把自己的公寓租给一个男人，那个男人搬进公寓不久后就结了婚，可婚后却挣不到钱。那可不是一个诚实或者勤劳的男人。由于他交不起房租，因此她不得不把他赶了出去。乍一看去，我们可以看出，这个梦与她当时面临的那个问题具有某种关联性。当时她正在考虑，自己要不要嫁给一个生意失败了的男人。她的那位情人很穷，没钱来养活她。尤其强化了这种相似性的是，他曾经带她出去吃饭，可饭后却发现自己带的钱不够付账。这个梦的作用，就是为了激发出那些反对结婚的情感来。她是一位雄心勃勃的女性，不希望委身于一个贫穷的男人。她用了一种隐喻，这样来问自己："如果他租了我的公寓，却付不起房租，那我拿这样一位租户怎么办呢？"而她的回答，则是："他必须走。"

然而，这个已婚男人却并不是她的租户，二者之间不可能完全等同起来。一个养活不了家人的丈夫，与一名支付不起租金的房客是不一样的。然而，为了缓和自身的问题，为了更加安心地遵循自身的人生态度，她给了自己这样一种情感："我不能嫁给他。"这样一来，她就避免了用常识性的办法来面对整个问题，只是选取了这个问题的一小部分。与此同时，她还把爱情与婚姻这个问题整体最小化了，仿佛用下面这样一种隐喻，就可以充分地表达出整个问题似的："一个男人租了我的公寓。如果付不起租金，我就必须把他撵出去。"

由于个体心理学治疗所用的方法始终都是以增强一个人在面对人生问题时的勇气为导向，因此我们不难理解，患者在治疗过程中所作的梦也会发生改变，并且呈现出一种日益自信的态度来。一位忧郁症患者在疾病治愈前做的最后一个梦，是这样的："我正独自坐在一处海滩上。突然之间，刮起了一场暴风雪。幸运的是我躲了过去，因为我赶紧跑回屋里去找我的丈夫。接下来，我便帮着他在报纸的广告栏里寻找一份合适的工作。"这位病人，自己就能够诠释这个梦的意义了。这个梦，清晰地表明了她与丈夫和解的情感。起初的时候，她很讨厌丈夫，怨恨他的软弱与缺乏事业心，怨恨他没有赚很多的钱。而这个梦的意义，就是："与我独自去承担种种危险相比，还是跟丈夫一起生活更好。"尽管我们可能会认同这位患者对于自身所处环境的看法，但她甘心接受丈夫和婚姻的方式却仍然表明，她受到了太多焦急的亲戚朋友习惯于给的那种建议的影响。她过分强调了独自生活的种种危险，并且她仍然没有充分作好勇敢而独立地来与丈夫进行协作的准备。

曾经有个十岁的小男孩被大人带到我的诊所来治疗。学校的老师抱怨说，这个男孩对其他小朋友既小气又凶狠。他在学校里偷了东西之后，把偷来的东西放到其他男生的课桌里，目的是让他们受到老师的责骂。这样的一种行为，只有在一个孩子觉得必须把其他孩子都贬低到与他自己相同的水平时，才有可能出现。他想要羞辱其他孩子，想要证明是其他孩子卑鄙、凶狠，而不是他。假如这就是他解决问题的办法，那我们就可以猜测，这种办法必定是在家庭圈子里培养出来的，家里必定有一个让他感到愧疚的人。他在十岁的时候，曾经把石头扔向街上的一位孕妇，因而惹下了麻烦。到了十岁这个年纪，他十有八九已经明白怀孕是怎么回事了。我们可以推断，他不喜欢怀孕这件事情，因此我们必须搞清楚，他是不是有个小弟弟或者小妹妹，而这个小弟弟或者小妹妹的降生曾经让他觉得很不高兴。在老师的评语当中，他被称为"害群之马"。他会给同龄的孩子捣乱，骂他们，并且说其他孩子的坏话。他会追赶个子小的女生，然后打她们。这样，我们完全可以相信，与他在家里竞争的，应当是一个小妹妹。

　　我们了解到，他是家里两个孩子中的老大，有一个四岁的小妹妹。他妈妈说，他很喜欢自己的妹妹，并且一向都对妹妹很好。这一点就让我们没法相信了，因为这样的小男孩是不可能很喜欢自己的妹妹的。而再往后，我们便会看出，我们的怀疑是正确的。他的妈妈同时还声称，她与丈夫之间的关系堪称典范。对于这个孩子来说，这一点无疑是一种极大的遗憾。很显然，父母对他的任何一种恶行都没有责任，他之所以有种种恶行，必定是由于他本性很坏，属于命中注定，或者可能还是遗传自某一位远祖！我们听人说起这种理想的婚姻时，经常会听到这样的话：如此优秀的父母，却生了一个如此可恶的孩子！老师、心理学家、律师和法官，全都亲眼看见过这些不幸的家庭。而事实上，对于这样的孩子来说，一桩"理想的"婚姻却有可能是一个严重的问题。倘若他看出母亲把所有心思都放在父亲身上，他就会生气得很。他想要独占母亲的关注，因而可能会因母亲对其他任何人表现出任何形式的喜欢而感到怨恨。假如幸福的婚姻对孩子不好，而不幸的婚姻对孩子则更糟糕的话，那我们又该怎么办呢？我们必须从一开始就培养孩子的协作意识，我们必须让他真正融入婚姻关系当中来。我们必须避免任由孩子只依恋父母一方。我们正在讨论的这个男孩，就是一个被娇惯了的孩子，他希望母亲始终都关注他，并且已经在这方面形成了习惯：不管什么时候，只要觉得自己没有受到充分的关注，他就会捣乱。

　　在这里，我们马上会再一次找到证明。那位母亲从不亲自惩罚孩子，她会等到孩子的父亲回家，再由父亲来实施惩罚。她很可能是觉得自己软弱；很有可能，她是觉得只有男人才有资格发号施令，只有男人才有对孩子进行惩处的力量。或许，她是希望儿子依恋自己，并且担心会失去儿子。在这两种情况下，她其实都是在训练儿子对父亲不感兴趣，让儿子不与父亲协作。因此，父子之间就必然会产生冲突。我们得知，那位父亲虽说深爱自己的妻子与家人，但很不喜欢上了一天班之后，回到家里还要因为儿子捣蛋而烦恼。因此，他会非常严厉地处罚儿子，并且经常揍他。他们告诉我们说，儿子并不是不喜欢父亲。这一点也是不可能的，因为这个男孩子并不愚笨。他已经学会非常巧妙地隐藏起自己的情感了。

他虽然很喜欢自己的妹妹，但跟妹妹玩得并不好，并且还经常打她耳光或者踢她。他睡在客厅里的一张沙发床上，而他妹妹则睡在父母房间里的小床上。注意，如果我们能够设身处地从那个男孩的角度来想，如果我们能够与他心有戚戚的话，那么父母房间里的这张小床，就会让我们感到心烦。这样做，我们是在尽量通过这名男孩的思维来思考、感受和观察。他想要独占母亲的注意力。一到晚上，妹妹却睡得离母亲那么近。他必须通过抗争，来让母亲离自己更近。这个男孩的身体很不错，他是顺产生下来的，并且吃了七个月的母乳。第一次让他吃奶瓶时，他曾经呕吐过，而从此以后，他就一直呕吐，直到三岁。极有可能，他的胃有问题。如今，他吃饭的情况不错，营养也跟得上，可他对于胃的关注，却依然如此。他认为那是他的一大弱点。如今，对于他为什么会朝一位孕妇扔石头，我们就理解得充分一点儿了。他非常挑食。要是他对饭菜不满意，母亲就会给他钱，而他就会出去买自己喜欢吃的东西。尽管如此，他还是会在邻居面前抱怨，说父母让他吃不饱。这是一种他已经得心应手的招数。这种招数，始终都是一样的。他重新获得优越感的办法，便是说别人的坏话。

现在，我们就能理解他来到诊所后给我们说过的一个梦的意义了。"我是大西部的一名牛仔，"他如此说道，"他们把我派往墨西哥，我必须一路战斗，才能回到美国。一名墨西哥人向我扑来的时候，我一脚就踢在了他的肚子上。"这个梦表达出来的感受，就是："我被敌人包围了。我必须奋起战斗。"在美国，牛仔都被人们视为英雄，因此，他认为追赶小姑娘、踢人肚子是一种英勇的行为。我们已经看到，肚子在他的一生当中扮演着一种重要的角色，所以他认为肚子是一个人身上最容易受到攻击的地方。他自己曾经深受肚子不好之苦，而他的父亲也患有胃痉挛症，并且经常因为这个而发牢骚。因此，在这个家庭中，肚子已经被提升到了一个最重要的位置。这个男孩的目标，就是击中别人最脆弱的地方。

他的梦和行为，都恰如其分地表达出了同一种人生态度。他生活在一种梦境里，假如我们无法把他从梦中唤醒的话，那么他还会用同样的方式继续生活下去。他非但会与父亲、妹妹抗争，尤其是与其他小男孩、小女孩打架，而且还会与那些试图不让他再去打架的医生作对。他在梦中的兴奋感会刺激他继续那样去干，去当一个英雄人物，去打败别人。因此，除非他明白自己是怎样欺骗自己的，否则就没有哪种治疗能够对他有用。

在诊所里，我们向他解释了那个梦的意思。他觉得自己生活在一个充满敌意的国度里，而每一个想要惩罚他、阻挡他的人，全都是墨西哥人，他们都是他的敌人。他第二次来诊所的时候，我们问他："自从上次我们见过面之后，情况如何？""我始终都是个坏孩子。"他回答道。"你都干什么了呀？""我追赶了一个小姑娘。"注意，他这话可不只是一种坦白交代，而是一种夸耀和进攻。这是在诊所里，我们都在想方设法让他变好，可他却坚称自己是个坏孩子。他其实是在说："不要指望我会变好。

我会踢你们肚子的。"我们拿他怎么办呢？他仍然是在做梦，他仍然是在扮演着英雄的角色。我们必须降低他从这种角色当中获得的满足感才行。"难道你认为，"我们问他道，"你的这位英雄真的会去追赶一个小姑娘吗？这样做，难道不是对英雄行为的一种相当拙劣的模仿吗？就算你想要当英雄，那也得去追赶一位个子高大、身强力壮的姑娘才是呀。或者，没准儿英雄根本就不该追赶姑娘呢。"这是治疗的一个方面。我们必须让他张开眼睛，让他不再那么渴望继续按照自己的人生态度来行事，就像谚语里所说的那样："往他的汤里吐痰。"[1]过后，他就不会再喜欢自己的这碗"汤"了。治疗的另一个方面，就是要培养他与人协作的勇气，让他去发现人生中有益一面的重要性。除非一个人害怕——倘若继续留在人生中有益的一面，他会遭受失败，否则是没有人会走向人生当中的无益一面的。

有一位二十四岁的姑娘过着独身生活，干的是秘书工作，她抱怨说，老板那种蛮横无理的态度，使得她完全无法忍受那样的生活了。她觉得自己没法交到朋友并且与人保持好朋友关系。经验会让我们自然而然地认为，如果一个人交不到朋友，那是因为他希望居高临下地控制他人，他真正关注的只有自己，而且他的目标也是为了表现出自己的个人优势。十有八九，这位姑娘的老板与她属于同一类人。他们都希望能够控制对方。两个这样的人碰到一起后，是必定会出现各种问题的。这位姑娘是家中七个孩子中最小的一个，是全家的宝贝。她得了个"汤姆"的外号，因为她一直都希望自己是个男孩。这一点，更是增加了我们对于下述这一点的怀疑：她的优势目标，就是个人占有支配地位。因为

[1] 往他的汤里吐痰，引申为"蔑视他""让他觉得恶心"等意思。

她觉得，所谓的具有男子气概，就在于变成主人，就在于掌控他人，而不让别人来掌控她自己。她长得很漂亮，可她认为，人们只是因为她长有一张讨人喜欢的甜美脸蛋才喜欢她，因此她很害怕破相或者受伤。在我们如今的这个时代，漂亮姑娘都会发现自己比较容易给人留下印象，并且比较容易去控制他人，对于这个事实，她清楚得很。然而，她还是希望自己是个男孩，希望自己能够用一种充满阳刚之气的方式来左右他人，因此，她并没有因为自己长得漂亮而扬扬自得。

她最早的记忆，是关于自己被一个男人吓坏了的经历。如今她也承认，自己仍然很害怕遭到夜贼和疯子的攻击。一个希望自己变得具有男子气概的姑娘，竟然害怕夜贼和疯子，这一点看似非常奇怪，不过，这一点其实并不奇怪。决定其目标的，正是她那种软弱感。她希望自己处在一种能够左右和压制别人的环境当中，因而会拒绝接受其他所有的处境。夜贼和疯子是掌控不了的，因此她希望把这种人全都消灭掉。她希望自己能够用一种比较容易的方式变得具有阳刚之气，而倘若没有做到这一点的话，她也希望自己始终都有情有可原的理由。由于对女性这种角色有着如此之多的不满，也即我所称的"男性钦羡"，因此她始终都存在着种种不安感，即："我本来是男人，却要与身为女人这样一种劣势做抗争。"

我们不妨来试一试，看能不能在她的梦中探究出同样的情感来。她经常梦见自己孤身一人。她是一个深受过溺爱的孩子，因此，她的梦就是在说："我必须有人关注才行。让我独自一人是不安全的。别人可能会攻击和打败我。"她经常做的另一个梦，则是她把钱包丢了。"小心，"她实际上是在说，"你有失去某种东西的危险。"她根本就不想让自己失去任何东西，尤其是，她可不想失去左右别人的力量，可她却选择了生活当中的一件事情，即丢失钱包，来代表这一切。我们还有一种解释，可以说明梦是如何通过激发情感来强化人生态度的。她事实上并未丢失钱包，可她却梦见自己丢了钱包，并且让这种感受一直留了下来。她还做过一个较长的梦，也会帮助我们更加深入地了解她的态度。"我去了一个游泳池，那里人很多，"她说道，"有人注意到，我正站在那些人的头顶上。我感觉到有人在大声尖叫，想要看清我，而我则岌岌可危，就快掉下来了。"假如我是一位雕刻师的话，那我就会这样来给她制作一尊雕像：她站在众人的头上，将其他人当成是自己的底座。这就是她的生活态度，而这些情感，也正是她希望激发出来的情感。然而，她觉得自己的位置岌岌可危，并且她还认为，别人也应当看出她的危险处境来。别人应当关注她并且小心谨慎，以便她可以继续站在他们的头上。如果到水里去游泳，她会很不安全的。这就代表了她一生的全部经历。她已经确定了这样一个目标："尽管身为女子，但心为男儿。"她的志向极为远大，就像绝大多数小朋友一样。可她还想要自己显得更优越，而不是获得符合其自身情况的处境，因而每时每刻都被恐惧失败的心理驱赶着。我们要想帮助她的话，就必须找出办法来让她认同自己的女性身份，必须消除她的恐惧心理和对男性的过高评价，并且必须让她在同类当中与人友好而平等地相处。

　　有这样一位姑娘，十三岁那一年，她的弟弟就在一场事故中丧生了，她是如此讲述自己的最初记忆的："我弟弟还是个幼儿、还在刚学走路的时候，曾经抓着一把椅子想要站起来，可椅子却倒了，砸到了他的身上。"这又是一场事故，因此我们可以看出，这个世界上的种种危险已经深深地印在了她的脑海当中。

"我做得最经常的一个梦，"她诉说道，"是非常奇怪的。在梦里，我通常都是正在沿着街道走，可路上有个洞，我却没有看到。我继续走着，掉进了洞里。洞里全都是水，就在我碰到水的那一刻，我猛地一跳，吓醒了，心脏怦怦直跳。"我们应该不会跟她自己一样，觉得这个梦很奇怪，不过，若是一直都被这个梦惊醒的话，她必定会觉得这个梦非常神秘，因而无法理解。这个梦是在对她说："小心了。你对有些危险一无所知。"然而，这个梦为我们呈现出来的，却不止于此。假如本来就在低处，那你就不可能掉下去。如果她有掉下去的危险，那就说明她必定是认为自己站得比别人高。正如上一个例子中的情况那样，她其实是在说："我高人一等，但我必须时时谨慎，不要掉下去。"

　　在另一个病例当中，我们将会看出，在一段最初记忆和一个梦当中我们是否能找出一个人在工作与生活中相同的人生态度来。一位姑娘告诉我们说："我记得，小时候看到一栋公寓楼盖起来的时候，我非常感兴趣。"我们可以推断，她很具协作精神。我们不能指望一个小姑娘会去参与修建房屋，可她却能通过兴趣表明，她喜欢参与到别人的工作中去。"那时我还是个小小孩，站在一扇高高的窗户边上，窗户上的一面面玻璃历历在目，就像昨天刚刚看到一样。"她注意到窗户很高，说明她心里对高矮必然有所对比。她的意思就是："窗户高高大大，我却矮小不起眼。"得知这位姑娘身材矮小，我一点也不会觉得惊讶，因为正是这一点，才让她如此关注相对的大小。她说自己的记忆历历在目，实际上有点儿吹牛。现在，我们就来说一说她做的梦吧。"好几个人正跟我坐在一辆汽车里往前开。"正如我们之前想的那样，她具有协作精神，她喜欢与别人待在一起。"我们一直开到一片树林前面才停下来。大家都下了车，跑进林子里去了。他们绝大多数人的个头都比我大。"她又一次注意到了个头大小之间的差异。"可我还是尽力赶了上去，及时进入了升降机，朝下开进一条约有十英尺深的矿山巷道。当时我们都以为，要是走出升降机，我们就会被里面的空气毒死。"此时，她描述出了一种危险。绝大多数人都会害怕某些危险，因为整个人类都不是很有胆量。"可我们走出升降机后，却毫发无损。"大家看出她的乐观态度了吧。假如一个人具有协作精神，那他往往就是一个勇敢而乐观的人。"我们在那里待了一会儿，然后又坐着升降机上升到地面，飞快地向汽车跑去。"虽说我敢肯定这位姑娘一向都具有协作精神，可她还是形成了这样一种印象：她的个子必须变得更高更大才是。在这个方面，我们可以看出她的某种不安来，仿佛她是在踮着脚尖走路似的。不过，这种不安却会被她那种关注别人、关注共同成就的心态所抵消。

第六章　家庭的影响

从刚一出生开始，婴儿就会努力让自身与母亲联系起来。婴儿的一举一动，目的都在于此。好几个月之内，母亲在婴儿的生活当中都会起着压倒一切的、最重要的作用。在这段时间内，婴儿几乎完全离不开母亲。而婴儿的协作能力，也正是在这种情况之下最先形成的。母亲让婴儿获得了首次与另一个人进行联系、首次关注除自身之外的另一个人的体验。母亲是沟通婴儿与社会生活的第一座桥梁，而一名婴儿倘若完全无法与母亲进行联系，或者完全无法与其他能够取代母亲这一位置的人进行联系，最终必然是无法存活下去的。

这种联系非常亲密，影响非常深远，以至于我们在后来的岁月中，永远都无法明确指出哪种性格特征是遗传的结果。可能源自遗传的每一种性格倾向，都已经被母亲进行过修改、训练、教育和重塑了。母亲的称职与否，已经对孩子的所有潜能产生了影响。我们说一位母亲称职与否，仅仅是指母亲有没有与孩子进行协作、有没有赢得孩子的信任来与她协作的本领。这种本领，是无法通过规则来教给一位母亲的。每天都有新的情况出现。她必须在无数个方面应用自己的见识与理解，去满足孩子的需求。只有关注自己的孩子并且一心希望赢得孩子的喜爱，一心保护孩子的幸福，一位母亲才能变得称职起来。

从母亲的所有行为当中，我们看得出一位母亲的态度来。无论何时，不管是抱起孩子、背着孩子、跟孩子说话、给孩子洗澡还是喂食，她都有机会让孩子与自己联系起来。假如在自己的使命方面没有受过训练，或者对这些使命不感兴趣，她就会笨手笨脚，而小宝宝也会进行反抗。假如她从来都没有学会如何去给孩子洗澡，那么孩子就会发现，洗澡是一件令人很不舒服的事情。这样的话，孩子就不会与母亲建立联系，而是会努力去摆脱母亲。母亲将孩子放到床上去时必须娴熟灵巧，不让自己的动作或者发出的声音影响孩子睡眠才是。她在照看孩子或者让孩子一个人待着的时候，也必须有经验。她必须考虑到孩子所处的整个环境，比如新鲜的空气、房间里的温度、营养、睡觉次数、生理习惯以及清洁卫生等方面。在每一种情形之下，她都是在给孩子提供一种机会，让孩子喜欢上她或者讨厌她、与她协作或者拒绝协作。

为母之道当中，其实并没有什么神秘的力量。所有的技巧，都是长久关注与训练的结果。女性在很小的时候，就开始为日后当母亲作准备了。其中的第一阶段，从一个姑娘对待弟弟妹妹的态度、从她对婴儿的关注程度以及对未来责任的关注程度中，就可以看出来。在教育男孩和女孩时，如果说他们未来的使命似乎完全一样，那么这样的方法就是绝对不可取的。要想在日后看到更多称职的母亲，就必须让女孩子们接受为母之道的教育，并且是用一种恰当的方式，从而使她们喜欢将来去当一位母亲，认为当母亲是一种具有创造性的行为，而不会让她们在日后真正面对自己是母亲这个问题时感到失望。

　　可惜的是，在我们的文化当中，人们却经常认为，女性在为人母亲这个方面的作用只有微不足道的价值。假如男孩比女孩更招人喜欢，假如人们认为男性角色高人一等，那么女孩子们自然就不会喜欢她们将来的为母使命了。任何人处在从属地位的时候，都是不可能心满意足的。这种姑娘结婚之后，面临着生下自己的孩子这样一种前景的时候，她们便会以种种方式表现出抗拒心态来。她们既不愿意生孩子，也没有作好生孩子的准备；她们并不渴望当一位母亲；她们认为当母亲不是一件具有创造性的、有意思的事情。这一点，或许就是我们这个社会中最严重的问题，而人们也很少作出努力来解决这个问题。整个人类社会，都与女性对为人母亲这个方面的态度息息相关。几乎在任何一个地方，人们都低估了女性在生活当中的作用，都认为女性发挥的作用是次要的。甚至是在儿童时期，我们也会发现，有些男孩子瞧不起做家务，仿佛做家务是下等人的工作似的，仿佛他们永远都不应当动动手来帮着做家务，这才符合男子汉的尊严似的。人们经常认为，家务和持家并不是女性可以作出的贡献，而是她们应当承担的苦活儿。假如一名女性确实将家务看成一种可以让自己产生兴趣的艺术，认为她可以因此而让配偶的生活变得更轻松、更丰富多彩，那么她就可以让家务变成一种比得上世界上其他任何工作的使命。另一方面，倘若人们都认为家务对男性而言是一种太过卑贱的工作，那么，当女性抵制她们的使命、反感这些使命，并且开始证明与第一种情况明显有别的情况，即女性与男性是平等的、女性一样有权获得重视、一样有权获得发展自身能力的机会，难道我们就不需要想一想吗？诚然，能力只有通过社会感才能获得发展，但社会感会引领她们走上正确的道路，而不会设置一些无关的限制与约束，来阻碍她们能力的发展。

　　一旦女性的作用被贬低，婚姻生活的整体和谐就会受到破坏。倘若认为关注孩子是一件低人一等的事情，这样的女性都是不可能让自身习得技巧、细心、理解、同感等方面的本领的。而要想让孩子一出生就获得一种优势，这些方面却是不可或缺的。对自己的角色感到不满的女性，其人生目标会妨碍到她与自己的孩子建立最佳的联系。此种女性的目标走向，与孩子们的目标走向并不一致；此种女性常常会一心只想证明自身的个人优势。因此，孩子就只有可能是她们的一种麻烦与干扰了。假如看一看众多人生失败者的案例并追根溯源的话，我们往往会发现，这些人的母亲都没有恰当地履行好自己的职责，没有给孩子一个良好的开端。假如所有母亲都做得不好，假如她们全都不满于自己承担的使命并且对这些使命不感兴趣，那么，整个人类就岌岌可危了。

　　然而，我们并不能把人生中所有失败的责任全都归咎于母亲。母亲在这方面没有罪。也许母亲本身就没有习得协作精神，也许母亲在婚后生活中过得压抑而不幸福。这样的话，她会对自身的处境而感到困惑和焦虑。有时候，她还会变得看不到希望，因而感到绝望。有许多的因素，会干扰家庭生活的幸福与和谐。假如母亲生了病，那么她虽说可能有心与孩子们协作，却会觉得自己力不从心。假如母亲出去上班，那么下班回到家里的时候，她可能已经筋疲力尽了。如果家里的经济状况不佳，那么孩子的温饱可能都会成问题。而且，支配孩子行为的，并不是孩子的经历，而是孩子从自身经历中得出的结论。倘若我们去细究一名问题儿童的成长经历，就会发现这名儿童与母亲之间的关系存在问题。不过，在其他孩子当中我们也能发现同样的问题，只是后者应对这些问题的方法较好罢了。在这里，我们就回到了个体心理学的基本观点上。个性的培养是没有什么理由可说的，不过，儿童却可以利用自身的经历来实现自己的目标，并把它们转变成理由。比如我们不能说，要是被大人养育得不好，一个孩子将来就一定会变成不法之徒。我们必须看出孩子从中得出了什么样的结论才行。

我们不难理解，倘若一名女性对自己的女性角色感到不满的话，她就会招致许多困难并产生紧张感。我们都知道母性的力量有多巨大。研究已经清晰地表明，母亲保护孩子的天性，比其他所有保护天性的力量都要强大。在动物当中，比如在老鼠和猿猴当中，母性的本能也表现得比性或者饥饿所带来的动力更加强大。因此，倘若它们必须在两者中选择其一的话，占据上风的就会是母性。此种追求的基础，并不是性，而是源于协作的目标。母亲常常会觉得孩子就是自己的一部分。她通过孩子，与整个人生建立起了联系。她会觉得，自己就是生死的主宰者。在每一位母亲身上，我们都会或多或少地发现这样一种感觉：通过孩子，她完成了一件具有创造性的工作。几乎可以说，她觉得自己就像上帝创生万物一样，创造出了孩子，因为她从无到有，创造出了一个活生生的人。追求母性，实际上正是人类追求优势、追求"像上帝一样"这一目标过程中的一个方面。它为我们提供了一个最为明显的例子，说明我们为了整个人类，如何能够在关注别人的时候利用这一目标，以及如何能够带着最深厚的社会感来利用这一目标。

当然，一位母亲可能会夸大孩子是她自身一部分的这种感觉，并且强迫孩子来为实现她的个人优势目标服务。她可能会想方设法让孩子完全依赖于她，并且掌控孩子的人生，从而使孩子始终都离不开她。我不妨举个例子，说说一名年纪已到七十岁的农妇的情况。她的儿子虽然已经年届五十，却仍然跟她住在一起，并且母子二人还同时感染了肺炎。母亲活了下来，可儿子送到医院后，却去世了。这位母亲得知儿子的死讯后，竟然如此回答道："我一直都知道，我是绝对没法把这个孩子安全带大的。"她觉得，自己应当对孩子的一生负责。她从来都没有想过，要把儿子培养成我们社会生活中平等的一员。这样，我们就可以理解，一位母亲如果没有扩展她与孩子之间建立起来的那种联系，没有引导孩子与其周围的其他人平等协作，那么她就是犯下了一种严重的错误。

一位母亲的人际关系并不简单，因此，即便是她与孩子之间的联系，也绝对不能过度强调。这确实是为了孩子好，也是为了母亲本人好。强调一个问题，可能就会殃及其他的问题。即便是我们目前正在考虑的这个简单的问题，也不可能很好地得到解决，就像我们没怎么重视这个问题一样。一位母亲与自己的孩子、丈夫以及周围的整个社交界都有着联系。这三种关系，都必须给予同等的关注；这三种关系，都必须冷静面对，并且按照常识来加以应对。假如一位母亲只考虑她与孩子之间的关系，那就不可避免地会娇惯、溺爱孩子。她很难让孩子培养出独立性，并且很难培养出孩子与别人协作的能力。母亲成功地与孩子建立起联系之后，下一项任务就是将孩子的兴趣扩展到父亲身上，而若是母亲本身就不关注父亲的话，那么这项任务就是几乎不可能完成的。母亲还必须将孩子的兴趣转向周围的社交生活，比如关注家里的其他孩子，关注朋友、亲戚，以及广义上的人类同胞。因此，母亲的使命具有双重性。她必须让孩子首先体验到与一个值得信赖的同类交往的滋味；然后，她又必须准备好，将孩子的这种信赖和友谊进行扩展，直到把我们整个人类社会都包括在内。

　　假如母亲一心只想让孩子关注她自己的话，那么日后孩子就会反感一切让自己去关注别人的尝试。孩子会始终寻求母亲的支持，并且对他认为会与自己争夺母亲注意力的竞争者都充满敌意。母亲只要对父亲或者家里的其他孩子稍加关注，他都会认为那是一种损失，因而会产生出这样一种看法："妈妈属于我，不属于其他任何人。"绝大部分现代心理学家都误解了这种情况。比如说，弗洛伊德的"恋母情结"理论提出，孩子都有一种爱上母亲的倾向性，希望娶母亲为妻，并且不喜欢父亲，希望杀掉父亲。假如我们明白了孩子的成长过程，就绝不会犯下这样的错误。只有在那种希望占有母亲全部的注意力、想要摆脱其他任何人的孩子身上，才有可能出现"恋母情结"。而这样一种欲望，其实与性无关。它是一种征服母亲、完全控制母亲并将母亲变成自己的仆人的欲望。只有那些被母亲娇惯了，并且他们的友谊当中从未把世间其他任何人包括在内的孩子，才会产生出此种欲望来。在极为罕见的情况下，也会出现此种情况：一个一向都待在母亲身边、只与母亲交流的男孩，可能会把母亲摆在他尝试解决爱情与婚姻问题时的核心位置，不过，这样一种态度的意义，说明除了母亲，他想不到要与其他任何人去协作。其他任何一位女性，都不可能像母亲那样得到他的信任，都不可能像母亲那样对他有求必应。因此，"恋母情结"往往都是训练不当导致的一种人为的结果。我们无须去猜测这是遗传下来的乱伦本能，事实上，我们无须去臆断，从其起源来看，这样一种心理失常会与性有什么关联。

　　一个始终被母亲紧紧地拴在身边的孩子，置身于一种不再与母亲有联系的环境中之后，往往就会出现问题。例如，孩子去上学或者在公园里与其他孩子一起玩耍时，他的目标始终都会是继续与母亲保持联系。不管什么时候，只要离开了母亲，孩子都会很不高兴。他希望母亲时时刻刻都能待在他的身边，一心只想着他，并且关注着他。孩子可以利用的手段有很多。他可以变成母亲的心肝宝贝，始终都弱不禁风、深情款款、惹人爱怜。他可能动不动就哭泣或者生病，借此来表明他是多么需要母亲来照料。另一方面，他也可以发脾气，他可以不听母亲的话，或者与母亲对着干，以便引起母亲的注意。在所有的问题儿童当中，我们都会看到各种各样被宠坏了的孩子，他们都在努力获得母亲的关注，并且反抗所处环境对他们的每一种要求。

　　一个孩子很快就会变成一个老手，能够找出让他最成功地占有母亲注意力的办法来。被娇惯了的孩子，常常都害怕没人理睬，尤其是害怕留下自己一个人在黑暗当中。他们害怕的并不是黑暗本身，但他们会利用这种害怕心理，目的就是把母亲拉到自己身边来。曾经有这样一个被惯坏了的孩子，他经常在夜里哭闹。有天晚上，母亲听到他的哭闹来看他的时候，问他说："你为什么要害怕呢？""因为太黑了。"孩子回答道。可母亲此时已经明白了他这样做的目的。"我来了之后，"她说道，"是不是就不黑了呢？"黑暗本身并不重要，而他害怕黑暗，只是说明他不喜欢与母亲分开。这种孩子与母亲分开之后，便会投入所有的情感、所有的力气与所有的心思，来准备好一种情况，使母亲不得不来到他的身边，并且再次与他产生联系。孩子会用尖叫、呼唤、睡不着等办法，或是用其他方式将自己变成一种麻烦，来让母亲回到自己的身边。其中，经常引起教育工作者及心理学家注意的一种手段，就是害怕。在个体心理学领域，我们已经不再关注找出害怕的原因，而是关注找出害怕心理所要达到的目的这个方面。所有被惯坏的孩子，都有害怕心理。正是通过表现出害怕心理，他们才能吸引母亲的关注，因此，他们便会把这种情感逐步积累到自己的人生态度当中去。他们利用这一点，就是为了确保实现自己与母亲恢复联系的目标。胆小的孩子，其实就是曾经受到了溺爱，因而希望再次受到溺爱的孩子。

有的时候，这些被娇惯了的孩子会做噩梦，并且在睡梦中大哭。这是一种众所周知的症状，不过，由于人们一直认为睡眠与清醒是互为对立的，所以他们不可能理解这种症状。然而，这其实是一种错误：睡眠与清醒并不是相互对立的，而是不同的类型。在睡梦当中，孩子的行为与白天的表现是很相似的。孩子那种让形势变得对自己有利的目标，会影响他的整个肉体与思维，而在经历了一定的训练，有了一定的经验之后，他就会找出实现自身目标最有效的办法来。即便是在梦思当中，那些适合其目标的场景和记忆，也会进入孩子的脑海当中。一个被娇惯的孩子，有了几次经验之后便会发现，要想重新与母亲建立联系，那些让他害怕的想法极其有用。即便是他们长大成人之后，这些被娇惯的孩子常常还会继续做那种让他们焦虑不安的梦。在梦中感到害怕，是一种得到了充分验证的、获得母亲关注的工具，而且，如今它已经变成一种自然而然的习惯了。

这种利用焦虑感的手段非常明显，因此，倘若听说哪个被娇惯的孩子晚上从来就不哭不闹，我们都会非常惊讶。孩子用于吸引关注的花招，可以说非常多。有些孩子会觉得睡衣很不舒服，或者在睡觉的时候会嚷着要喝水。其他一些孩子则害怕晚上会有小偷或者野兽闯进家里来。有些孩子只有父母坐在床边才能睡着。有些孩子会做梦，有些孩子会掉到床下，还有一些孩子则会尿床。我曾经治疗过一个娇生惯养的孩子，晚上睡觉似乎根本就没有问题。她的母亲说，她睡得很香，既不做梦，也不会中途醒来，完全不会带来麻烦。只有在白天的时候，她才会捣乱。这一点非常令人惊讶。我提出了孩子可以用于吸引母亲的关注、将母亲拉到自己身边的所有症状，可这个小姑娘身上，却完全没有这些症状。最后，我突然想到了其中的原因。"她在哪儿睡呢？"我问她母亲。"在我的床上睡啊。"她回答道。

生病常常是娇生惯养的孩子的一座避难所，因为生病的时候，他们会比以往更受溺爱。经常有这样的情况：一个被惯坏的孩子，在生了一场病之后不久，便开始表现得像是一个问题儿童了，而且，起初的时候，就好像是这场疾病让孩子变成了一个问题儿童似的。然而真相却是，病好之后，孩子却仍然记着生病时大家为他忙前忙后时的情况。病好之后，母亲不可能再像生病时那样娇惯他了。于是，他便通过变成问题儿童来进行报复。有的时候，一个孩子看到另一个孩子因为生了病而变成了其他人关注的焦点之后，会希望自己也生一场病。他甚至会去跟生病的孩子亲嘴，希望自己也染上此种疾病。

有位姑娘，曾经住了四年的院，并且一直都深受医生与护士们的宠爱。起初，她回到家里之后，父母也很溺爱她，可数周之后，父母就开始不那么关注她了。如果她想要什么东西，父母却没有答应的话，她就会将手指放进嘴里，说："我住过院呢。"她是在提醒别人记得她曾经生过病，并且试图继续获得她在生病时所处的那种有利境况。在成年人身上，我们也能发现同样的行为，这种人，经常喜欢提及他们以前所患的疾病或者做过的手术。而另一方面，有时也会出现这种情况：一个曾经让父母伤脑筋的孩子，生过一场病之后却改好了，再也不给父母惹麻烦了。我们已经看到，生理缺陷是孩子一种额外的包袱，但我们也已明白，生理缺陷并不足以解释性格缺陷的成因。所以，我们可以怀疑，消除生理缺陷本身未必与孩子的转变有什么关系。有个男孩，他是家里的第二个孩子，经常撒谎、偷东西、逃学、以别人的痛苦为乐、不听话，让大人极感头疼。老师不知道拿他如何是好，因此提出把他送到感化院里去。就在此时，这个男孩生病了。他患上了髋部结核，打着石膏，在巴黎的病床上躺了半年。身体恢复之后，他却变成了家里最乖的孩子了。这场疾病对他产生了如此巨大的影响，简直令人难以置信。而不久之后，一切便都真相大白了：他之所以变好，在于他认识到了自己以前的错误。以前他一直认为父母更喜欢哥哥一些，因而总是觉得自己受到了父母的忽视。而在生病期间，他却发现自己成了家人关注的重心，大家都无微不至地照料和帮助了他。孩子也非常聪明，改变了自己以为的一向被父母忽视的想法。

　　以为要弥补母亲们经常犯下的种种错误，最好的办法就是把所有孩子都不让自己的母亲去照料，而是交给护士或者一些机构去照管，这种想法是很荒谬的。不论什么时候，只要我们是想寻找一个能替代母亲的人，就都是在寻找一个能够扮演母亲角色的人，即一个能够像母亲那样，让孩子来关注她的人。其实，训练孩子的亲生母亲要容易得多。在孤儿院里长大的孩子，通常都会表现得对别人不感兴趣，因为孤儿院里没有人能够在孩子个人与其同类之间建立起沟通的桥梁来。以前，人们曾经对公共机构里那些成长得不是很好的孩子进行过一项试验。在试验中，会找一名护士或者一名修女来对孩子进行个性化的照料，或者是把孩子送到一个家庭里去，那家的母亲能够像照料自己的亲生孩子一样照料这些孩子。试验结果往往都是，假如精心选择养母，那么孩子的情况就会有很大的改善。抚养这些孩子的最佳途径，就是为他们找到一个能够替代其父母和家庭生活的环境。因此，倘若我们把孩子带离其亲生父母身边，那我们应当做的，就是去寻找其他能够履行孩子父母职责的人。母亲的爱与关注极其重要，这一点也可以从下述事实当中看出来：许许多多的失败者都是孤儿、非婚生子或者弃儿，以及单亲家庭中的孩子。人们都公认，后妈很不好当，而继子女也会经常跟她对着干。但这个问题并不是无法解决的，因为我见过解决得非常成功的例子，不过，继母通常都不会理解这种情况。或许，在母亲去世之后，孩子会转向自己的父亲，并得到了父亲的溺爱。而父亲再婚之后，孩子就会觉得继母夺走了父亲对他们的关注，因而会把气撒到继母身上。继母则觉得自己必须反击，于是孩子们便有了真正的不满。继母向他们发起了挑衅，于是他们会比以往更加起劲地与她作对。大人与孩子作对，一向都是赢不了的。因为通过作对，永远都不会打败孩子，永远都不可能赢得孩子的协作。在这种争斗中，往往都是最弱的一方获胜。要他给什么，他偏不给。这种东西，用这样的方式，永远都是不可能从孩子身上得到的。倘若我们认识到协作与爱永远都不可能通过武力来获得，那么，世间就会省去无数的焦虑不安与无用功了。

在家庭生活当中，父亲的作用与母亲的作用具有同等的重要性。起初，父亲与孩子的关系没有母亲那样亲密，但到了后来，父亲的影响也会发挥出作用。倘若一位母亲无法把孩子的兴趣扩展到父亲身上，这样会带来的危险当中，有一些我们已经阐述过了。孩子自身的社会感培养将会受到严重的阻碍。倘若父母之间的婚姻不幸福，那么孩子的处境就会危险重重。母亲会觉得自己无力把父亲拉入到家庭生活当中来，因此，母亲可能会希望把孩子彻底地拴在自己身边。或许，父母双方都会把孩子当成是确保个人幸福的一颗棋子。双方都会希望孩子更加依恋自己，都希望孩子更爱自己，而不是更爱对方。倘若发现了父母之间出现了不和，孩子们就会非常巧妙地去挑拨父母之间的关系。这样一来，父母之间可能就会爆发一场竞争，看谁能更好地左右孩子，或者看谁更能溺爱孩子。在这样一种氛围当中，父母是不可能培养出孩子的协作性的。孩子首次在他人当中体验到的协作，就是父母之间的协作。倘若父母之间本身就协作得很差，那就没法指望他们能够教导孩子自身具有合作性。此外，孩子对于婚姻及异性伴侣的第一印象，也是从父母之间的婚姻关系中获得的。处在婚姻不幸家庭当中的孩子，除非他们的第一印象得到纠正，否则的话，他们在成长过程中就会对婚姻形成一种悲观的态度。即便是长大成人之后，他们也会觉得，婚姻最终必定都会有不好的结局。他们将会尽量不与异性接触，或者认为即便是去接触异性，他们也不会成功。这样，倘若父母之间的婚姻不是社会生活当中具有协作性的一分子，不是社交生活的一种产物，不是在为孩子走向社交生活作准备的话，那么孩子就会受到严重的阻碍。婚姻的意义就在于，它应当是两个人为了共同的幸福、为了孩子的幸福、为了整个社会的幸福而形成的一种伙伴关系，倘若没能做到其中的任何一个方面，那么这种婚姻就不符合人生的需要。

既然婚姻是一种伙伴关系，那么夫妻任何一方都不应该高人一等。这一点，需要我们比以往更加密切地来加以考虑才是。在家庭生活的整体行为当中，并不需要行使什么权威。倘若某位家人显得特别突出，或者受到的关注要比其他家人多，那就是一种不幸了。如果父亲脾气大，想要左右其他的家人，那么儿子们就会形成一种错误的观念，以为男人就该如此。女儿们的处境就会更加糟糕了。在日后的人生当中，她们会把男人视为暴君。对她们来说，婚姻似乎就是一种屈服和奴役。有的时候，她们会试图通过堕落来确保自己不受异性伤害。倘若母亲在家里占有主导地位，并且不断地找其他家人的岔子，那么情况就会反过来。女儿们很有可能会模仿母亲，变得刻薄而挑剔起来。儿子们则会始终处于守势，害怕受到指摘，并且密切留意着女性家人想要压制他们的种种企图。有的时候，并非只有母亲一个人颐指气使，而是姐姐妹妹、三大姑八大姨都会插上一手，来让一个男孩子就范。这种男孩子就会日益缄默拘谨，从来不会想要挺身而出，不会参与到社交生活中去。他担心所有的女性都会用同样挑剔、吹毛求疵的态度来对待他，因此希望彻底不跟女性打交道。没人喜欢受到批评，不过，倘若一个人将躲避批评变成了自己人生的主要关注点，那么他与社会的所有关系都会受到干扰。他会只按照自己的统觉体系，即"我是征服者呢，还是被征服者"来看待每一件事情并且作出判断。那些把自己与他人的关系看成将会导致他们失败或者胜利的两种可能性的人，是不可能与别人建立起友谊来的。

　　一位父亲的使命，可以用寥寥数语总结出来。他必须向妻子、孩子和整个社会证明，自己是个好人。他必须用一种恰当的方式，来解决人生当中的三大问题，即职业、友谊和爱，并且必须在平等的基础上与妻子协作，来照料和保护好家人。他不应当忘记，女性在创造家庭生活方面的作用是无法超越的。丈夫的作用并不是让母亲低三下四，而是与母亲一起努力。尤其是在钱的方面，我们应当强调的是：即便丈夫是家里主要的经济支柱，这也仍然是夫妻双方共同的事情。丈夫绝不应当显得好像只有自己是在付出，而其他家人却都在索取。在一种良好的婚姻关系当中，钱都是丈夫所挣这一事实，不过是家庭内部劳动分工的结果罢了。许多父亲都会利用自己在经济方面的地位，把它当成是左右家人的一种手段。家庭当中不应当有什么统治者，而每一种会令人产生不平等的感受的情形，都应当加以避免才是。每一位父亲都应当认识到这样一个事实：我们的文化本来就已经过分强调了男性的特权地位，因此妻子在嫁过来的时候，很可能早已产生了某种程度的担心，害怕自己受人左右，害怕自己处于一种劣势地位。他应当明白，妻子并不是仅仅因为身为女性，仅仅因为没有像他那样去养活家人，就要低他一等。不论妻子在养活家人所需的金钱方面是否有所贡献，只要家庭生活是一种真正的协作，那么由谁来挣钱、钱归谁所有就不是问题。

父亲对孩子的影响极其重要，因此许多孩子终其一生都将父亲视为自己的理想典范，或者将父亲视为自己最大的敌人。惩罚，尤其是体罚，始终都是对孩子有害处的。任何一种教导，倘若不能用一种友好的方式来给予，就都是一种错误的教导。遗憾的是，惩罚孩子的任务，常常会落到父亲的头上。之所以说这种情况很遗憾，有很多的原因。首先，它表明母亲确信女性的确没有能力去教育自己的孩子，表明母亲确信女人的确很软弱，需要一个强有力的人来帮助她们。假如一位母亲对孩子这样说："你等着吧，看父亲回家怎么收拾你。"那她就是在训练孩子，让孩子认为男性才是生活中最终的权威与真正的强者。第二，这样做会对孩子与父亲之间的关系产生干扰，使得孩子们畏惧父亲，而不是把父亲当成自己的好朋友。或许这是因为有些女性担心，倘若亲自惩罚孩子的话，就会失去孩子对自己的爱，但即便如此，解决办法也不是将处罚孩子的任务指定给父亲。孩子们可不会因为母亲叫了一个执行惩罚的人来帮她的忙，就不那么怨恨她。许多女性仍然把"告诉你爸爸"这样的威胁，当成是迫使孩子听话的一种手段。这样一来，对于男性在生活当中的作用，孩子们又会得出什么样的结论来呢?

　　假如父亲是用一种有益的方式来应对人生当中的三大问题,那么他就会是整个家庭中不可分割的一分子,会是一个合格的丈夫和一个合格的父亲。他必须与别人平易相处,并且能够与别人交朋友。倘若能够与别人交朋友,那么他就能让家庭变成他所处社会生活当中的一部分了。他既不会被孤立起来,也不会束缚于种种传统思想。来自家庭以外的种种影响,会想方设法进入家庭当中,而他则是在领着孩子们走上培养出社会感与协作性的那条道路。然而,倘若夫妻二人各有不同的朋友,那么就会出现一种真正的危险。他们应当生活在同一个社交圈子里,避免因为各自的友谊而彼此分隔开来。当然,我并不是说夫妻应当时刻黏在一起,从来都不能单独外出,不过夫妻二人待在一起的时候,应当没有任何问题才行。比如说,如果丈夫不愿将妻子介绍给他的朋友圈子,就会出现这种问题了。在此种情况下,丈夫社交生活的重心就移到了家庭之外。孩子们应当了解到家庭是组成更大社会的一个单位,应当认识到家庭之外也有值得信赖的人和同胞,这一点对他们的成长是极其重要的。

　　假如父亲与自己的父母、兄弟姐妹相处和谐的话,那就是一种可喜的标志,说明他具有协作能力。当然,他最终必须离开家庭,变得独立自主才行,但是这并不意味着他会不喜欢自己最亲的人,并与他们断绝关系。有的时候,两个仍然靠各自父母供养的人也会结合,并会夸大让他们与各自的家人维系在一起的那种关系。他们说到"家"的时候,指的是他们父母的家。倘若他们也有这样一种观念,认为父母仍然是整个家庭的中心,那么他们就会无法确立起一种真正属于他们自己的家庭生活。这个问题,是一个涉及每一个人的协作能力的问题。有的时候,男方的父母会心生嫉妒，想要事无巨细地了解儿子的生活，从而给儿子组建的新家庭带来了种种问题。儿媳会觉得自己没有受到足够的重视，会对公公婆婆的干涉感到恼火。如若男方是在违背了父母意愿的情况下结婚的，则尤其容易出现这种情况。男方父母的看法可能错了，但也有可能是正确的。在儿子结婚之前，要是对这桩婚姻不满意，父母还可以对儿子的选择提出反对意见；可儿子结婚之后，父母却只有一条道路可走了，那就是必须竭尽全力，确保这桩婚姻成功地维持下去。假如家庭内部的意见分歧不可避免，那么丈夫应当理解这些问题，而不是为这些问题而烦恼。他应当把父母的反对意见看成父母所犯的一种错误，并且尽力去证明自己做得对。夫妻二人都无须去顺从各自父母的意愿，不过，假如彼此协作，假如妻子能够感受到，公公婆婆是在替她的幸福和利益着想，而不是替公公婆婆自己的幸福着想，那么这个问题显然就会比较容易应对了。

每个人最为明确地期待自己父亲起到的一种作用，就是父亲能够为职业问题提出一种解决办法来。父亲必须接受过某种职业的培训，必须能够养活自己和家人。在这一点上，他可以得到妻子的帮助，并且日后或许还会得到孩子们的帮助。不过，在我们目前所处的文化环境下，家庭经济上的义务主要还是由男人来承担的。要解决这个问题，就意味着他必须工作、必须勇于承担责任，意味着他必须了解自己从事的职业、清楚这种职业的利弊，意味着他必须能够在职业中与他人进行协作，并且获得他人的好感。它还意味着更多的方面。通过自身的态度，他就是在帮助自己的孩子准备好日后应对职业问题的办法。因此，他应当能够看出，成功解决这一问题必需的一个方面，那就是找到一份有益于整个人类、能够为整个人类的福祉作出贡献的工作。然而，他自己认为一份工作是否有益并不那么要紧，要紧的是，这份工作本身应当有益。我们无须去听他自己的评价。倘若他认为自己是个利己主义者，那就是一种遗憾；但是，如果与此同时，他从事的工作也对我们的共同利益有所贡献，那么他利不利己就无伤大雅了。

现在，我们再来讨论一下爱情问题的解决之道，即婚姻以及确立一种幸福而有益的家庭生活的解决之道。对于丈夫最主要的要求，就是他应当关注自己的配偶。而一个人是不是关注另一个人，这一点是很容易看出来的。如果关注别人，他就会让自己去关注对方所关注的事情，并且把对方的幸福当成自己一种自发的目标。并非只有喜欢才能证明关注。我们有多种多样的情感，可以用于见证一切幸福美满。他还必须与妻子志同道合；他必须努力让妻子的生活变得更加轻松和更丰富多彩，他必须乐于去让妻子高兴快乐。只有双方都认为两人的共同幸福高于各自的个人幸福，夫妻之间才有可能出现真正的协作。每一方都应当关注对方甚于关注自己才行。

丈夫在孩子面前，不应当过分显著地表露出对妻子的深情。的确，夫妻之间的爱，是没办法与他们对孩子的那种爱相比的。二者完全不是同一回事，而且哪一种爱也不可能削弱另一种。但有的时候，倘若父母之间的情感显得太过明显，孩子们就会觉得自己的重要性降低了。他们会产生嫉妒之心，并且希望制造点儿不和。夫妻之间的这种性伙伴关系，不应当如此不严肃地来加以对待。因此，父亲给儿子、母亲给女儿解释性方面的问题时，也应当小心，不要主动提供知识，而只需解释孩子想要了解，并且在孩子所处的那个发育阶段能够理解的问题。我认为，在我们这个时代，人们都有一种倾向，喜欢向孩子解释太多，完全超出了孩子能够正确理解的范围，从而使孩子产生出许多他们并未作好准备来激发的兴趣与情感。这样做，使得性方面的问题受到了极度的轻视，仿佛它们全都是小事一桩似的。这种做法，与旧时不跟孩子说实话、将性知识全都瞒着孩子的做法相比，好不到哪儿去。我们最好是搞清楚，孩子希望了解哪些东西，并且只回答孩子自己正在考虑的问题，而不能按照我们的标准，强迫孩子去接受我们觉得大家都应当懂得的那些知识。我们必须维持孩子的信任感，让孩子始终觉得我们是在与之协作，并且愿意帮助孩子找出问题的解决办法来。只要做到了这一点，我们就不可能出太大的差错。顺便说一句，有些家长担心孩子会从同龄孩子那里听到一些不良的、关于性问题的解释，其实这种担心是不太站得住脚的。一个在协作性和独立性的习得方面一向不错的孩子，绝不会误信朋友们的话语。而且，孩子们在这些问题上，其实往往都比大人更加明事理。一种"道听途说"，永远都不会伤害到一个还没有达到接受错误观点那种年纪的孩子。

在我们目前所处的这个社会里，男性有更多充分的机会去体验社交生活、了解社会制度及其利弊、了解本国及全世界的道德伦常。他们的活动范围，仍然要比女性的活动范围宽广，这真是一件令人遗憾的事情。因此，在这些问题上为妻子、为孩子提供指导的义务，又落到了父亲的头上。一位父亲，绝不应当吹嘘自己更有经验，并且绝不应当利用这一点。他并不是家庭教师。他更应当向妻子和孩子提出建议，就像朋友之间提出建议那样，避免出现任何的抵触情绪。倘若妻子和孩子都认同他的观点，他就应该感到高兴。就算妻子这一方产生了抵触情绪，因为妻子或许没有很好地习得协作性，丈夫也不应当坚持自己的观点，或者试图利用自己的权威，而应当寻求其他的办法，来降低妻子的这种抵触情绪。吵架是解决不了问题的。

　　不应当过分强调钱的问题，也不能让钱成为夫妻吵架的主题。那些自己不挣钱的女性，通常都要比丈夫敏感得多。倘若丈夫指责她们大手大脚，她们就会觉得极为伤心。家庭财务方面的问题，应当用一种协作的方式，在家庭经济能力的范围内来加以解决。妻子与孩子没有任何借口，来利用自己的影响力，让父亲入不敷出地花钱。从一开始，整个家庭就应当在支出问题上达成一致意见，不能使哪个家人觉得要依赖别人，或者觉得受到了虐待。父亲不应当以为，仅凭金钱就可以确保孩子的将来一帆风顺。我曾经看到过一本很有意思的小册子，是个美国人写的，其中描述了一位出身贫寒的富翁希望确保自己的数代后人不再贫穷、不再拮据的故事。这位富翁来到一位律师那里，问他怎样才能做到这一点。律师问他，富翁要确保多少代后人不再贫穷才感到满意。富翁回答说，他觉得自己可以确保到第十代后人。"是的，您做得到这一点。"律师说道，"可您意识到没有，第十代的每一个人，都会像您一样，自己这一方就有五百多位祖先呢，这其余的五百多位先人，都能说这个人是他们的后人呢。这样一来，他还是您的后人吗？"在这里，我们又能看到一个例子，说明了下面这个事实：我们为后代所作的任何事情，其实都是在为整个人类而做。我们无法逃避与同胞的这种纽带关系。

　　假如家庭中不存在权威，那么家中就必定有一种真正的协作氛围。在教育孩子的方方面面，父母都必须共同努力、意见统一才是。无论是父亲还是母亲，都不能表现出任何偏爱哪一个孩子的迹象，这一点至关重要。偏爱带来的危险，无论怎么说也不过分。童年时期的几乎每一种挫折感，都源自孩子以为别人更受喜爱的那种感觉。有的时候，这种感觉根本就没有道理。但在真正平等的家庭当中，不该让孩子有产生这种感觉的机会。在重男轻女的家庭当中，女儿们几乎不可避免地会产生出自卑情结来。孩子们都极其敏感，即便是一个非常优秀的孩子，也有可能因为怀疑兄弟姐妹更受父母偏爱，而在人生当中走上完全错误的道路。有的时候，其中一个孩子会比其他孩子发育得更快，或者成长的方式更招人喜欢，因此家长很难不显得更喜欢这个孩子。父母应当足够老练、足够巧妙，尽量避免表现出这种偏爱之心来。否则的话，成长状况更佳的那个孩子就会让其他孩子黯然失色，从而让其他孩子失去信心。这样，其他孩子便会心生嫉妒，便会怀疑自身的能力，而他们的协作能力也会受到打击。仅仅说家长不能有这种偏爱之心，还是不够的。父母甚至还得观察，看任何一个孩子心里是不是怀疑父母存有这样一种偏爱之心才行。

现在，我们再来讨论一下家庭协作当中一个同等重要的方面，那就是孩子们之间的相互协作。除非孩子们觉得彼此平等，否则的话，人类在习得社会兴趣方面就绝不会作好充分的准备。除非女孩子和男孩子觉得彼此平等，否则的话，两性之间的关系就会继续带来种种最为严重的问题。许多人都问："同一个家庭中长大的孩子，差异为什么常常会那么巨大呢？"有些科学家曾经尝试去解释这一问题，说这是遗传差异所导致的结果，但我们已经看出，这种观点其实是一种迷信。我们不妨把孩子的成长，比作小树苗的成长。就算是一群小树苗生长在一起，每棵小树的处境其实也都是大相径庭的。倘若其中一棵因为光照更充足、土壤更肥沃而生长得更快，那么它的生长就会给其他小树的生长带来影响。它会挡住其他小树的光照；它的根须会向四周扩展，从而夺走其他小树所需的养分。于是，其他小树便会长得又矮又小。对于家里有某个成员过于突出的情况来说，也是如此。我们已经明白，父亲和母亲都不应当在家庭中处于支配地位。通常来说，如果父亲在事业方面干得非常成功，或者是非常有天赋，那么孩子们就会觉得，他们永远都不可能取得能够与父亲媲美的成就。于是，他们就会日益失去信心，而他们对于人生的兴趣，也会受到阻碍。正是由于这个原因，一些名人的孩子有时才会令父母失望，才会令社会上的其他人失望。这种家庭中的孩子，没有看到超越其父亲或者母亲的出路。父亲就算在事业方面成就斐然，也绝不应当在家里强调自己的成功，否则孩子们的成长就会受到阻碍。

　　这种观点，同样非常适用于孩子们之间。倘若一个孩子成长得特别出色，那么这个孩子很可能会最受家长关注和偏爱。对于这个孩子来说，这种情况自然惬意得很，可其他孩子却会感受到这种差别，因而心生怨恨。一个人，倘若被人置于一种不如别人的处境当中，是不可能做到毫无怨怼、心平气和的。这样一个出色的孩子，可能会给其他所有的孩子都带来伤害，而其他孩子在成长过程中，就都会饱受心理饥渴之苦，这么说是并不过分的。他们不会去追求优势，因为这种追求永远都无法停下来。然而，他们的追求却会转向别的方向，转向一些可能并不现实或者对社会无益的方向。

　　通过根据出生次序来探究孩子拥有的优势与劣势，个体心理学已经为研究工作开创了一片非常广阔的领域。为了简化这个问题的一个方面，我们不妨假定父母协作得非常好，都在尽力培养所有的孩子。即便如此，家里每个孩子的情况仍然会有很大的差别，而每个孩子也仍然会在一种大相径庭的新情况下成长。我们必须重申，同一家庭中两个孩子的处境永远都是不可能相同的。因此，每个孩子在自己的人生态度中，都会呈现出孩子尽力适应所处独特环境的结果来。

　　每一个长子长女，都曾在一段时间内体验过身为家中独子的滋味，然后，在第二个孩子出生之后，他们又在突然之间不得不让自己去适应一种新的情况。第一个孩子通常都会得到家长的广泛关注和宠爱。这种孩子，已经习惯了位于整个家庭的中心位置。他往往是在突如其来、骤然之间、毫无准备的情况下，便发现自己的位置被别人取代了。另一个孩子降生之后，他就不再独一无二。如今，他必须与一个竞争对手来分享父母的关注了。这种变化通常都会给孩子带来深刻的影响，因此我们常常能够在问题儿童、精神病患者、犯罪分子、酗酒者及性变态者身上发现，他们的问题都是在这种情况下开始的。他们都是长子长女，对家里另一个孩子的降生有着深刻的感受，他们这种被人夺走了优势的感受，便塑造出了他们整个的人生态度。

　　其他孩子可能也会出于同样的原因而失势，不过，他们对这种变化的感受，很可能没有那么强烈。他们已经拥有了与另一个孩子协作的经验，他们从未成为过家长关注与照料的唯一对象。可对于家中的长子长女来说，这却是一种彻底的改变。假如第二个孩子出生之后，他确实受到了家长的忽视，那我们就可以想见，他是不可能轻而易举地接受这种情况的。要是他埋怨怀恨的话，我们也不能说他不对。当然，如果父母已经让他确信，父母会一直爱他，如果他知道自己的地位很安全，尤其是，如果他作好了迎接弟弟妹妹降生的心理准备，并且已经接受过与父母协作、一同照料新生儿的训练，那么这场危机很快就会过去，不会留下什么不良影响。可通常来说，长子长女都没有作好这种心理准备。新生儿也的确会夺走父母对长子长女的关注、爱与重视。于是，长子长女便会开始千方百计地想要将母亲重新拉回自己的身边，并且会去思索，自己怎样才能重新获得父母的关注。有的时候，我们会看到一位母亲正是这样，被自己的两个孩子拉来搋去，每个孩子都努力想要比另一个更多地占有母亲的时间和精力。长子长女更擅长于耍蛮，更擅长于想出新的花招来。我们完全料想得到，他在这些情况下都会干些什么。假如我们处在他那种情况下，追求的也是他的那种目标，那么，我们的所作所为就会跟他没什么两样。我们会千方百计地让母亲担心，跟她作对，养成一些使得她不可能对我们视而不见的性格特点。那种长子长女也会这样干。最终，他会让母亲彻底失去耐心。只要做得到，他就会用各种各样的手段，用最野蛮、最任性的方法来与母亲对着干。母亲会因他没完没了地闯祸而觉得厌烦，到了此时，他就真的开始体验不再有人来疼爱的滋味了。他原本是为了获得母亲的疼爱而抗争，可结果呢，却是彻底失去了这种疼爱。他原本只是觉得自己被推到了一个不起眼的角落里，可他的所作所为，却真的把他推到一个不起眼的角落里去了。尽管如此，他还是会觉得自己很有理。"我早知道会这样的。"他心想。错在别人，而他是对的。他就好比是掉入了一个陷阱当中，越是挣扎，他的处境就越糟糕。在这期间，他对于自身处境的种种看法，都在逐渐得到证实。如果一切都说明他的做法有理，他又怎么可能不去抗争呢？

在这种抗争的每一种情况下，我们都必须深入探究个人所处的环境。如果母亲进行还击，孩子就会变得脾气暴躁、任性、挑剔和桀骜不驯。孩子与母亲对着干的时候，父亲往往会给他提供一个恢复到原来那种有利位置的机会。于是，他会开始对父亲感兴趣，想要获得父亲的关注与疼爱。长子长女通常都更喜欢自己的父亲，并且偏向于父亲一方。我们可以肯定地说，不管什么情况下，只要孩子更喜欢自己的父亲，那都是一个次要的阶段：
起初，孩子依恋的是母亲；可如今，母亲已经失去了孩子的喜
爱，孩子已经将这种依恋感转向了父亲，以此来对她进行谴责。
倘若一个孩子更喜欢父亲，那我们就明白，孩子以前肯定经历过
某种不幸的经历：孩子肯定觉得自己受到了轻视和忽视，他无法
忘掉这种感觉，而他的整个人生态度，也是围绕这种感觉确立起
来的。

　　这种抗争会持续很长一段时间，有的时候还会持续终生。
孩子已经形成了抗争和抵制的心理，因而在所有情况下都会继续
进行抗争。他这样做，或许得不到任何一个人的关注。于是，他
就会变得绝望起来，以为自己永远都没法获得他人的喜爱了。这
样我们就会发现，他的身上将呈现出诸如爱发牢骚、沉默寡言、
无法与他人共事等性格特征。孩子会让自己习惯于与世隔绝。这
种孩子的所有行为与表现，都是指向过去，指向昔日他曾经属于
关注焦点的那段时光。正是由于这个原因，家庭中的长子长女通
常都会用这样或那样的方式，表现出一种对过去的关注心态来。
他们会喜欢回忆过去，喜欢谈论往事。他们就是那种艳羡过去、
对未来却悲观失望的人。有的时候，一个失了势、失去了他曾经
统治过的那个小小国王的孩子，会比其他人更加深刻地理解权力
与权威的重要性。长大成人之后，这种孩子便会喜欢参与那些行
使权威的事情，并且会夸大规则与律法的重要性。一切都须按照
规则来进行，任何规则都不应当进行更改。权力始终都应当保持
在那些有资格来行使权力的人的手中。我们可以理解，童年时期
的这种影响，会令人产生出一种强大的保守主义倾向。假如这样
的人为自己争取到了一个好的位置，那么他始终都会疑虑重重，
怀疑别人正在他的后面迎头赶上，想要取而代之，将他赶下那个

位置。

长子长女的位置，会引发出一个特殊的问题，不过，我们能够圆满地解决这个问题，并将其转化成一种优势。弟弟妹妹出生的时候，倘若长子长女已经习得了合作性，那么他们就不会受到伤害。在这样的长子长女当中，我们发现了一些人，他们都形成了一种保护和帮助别人的追求。他们惯于模仿自己的父母。与弟弟妹妹在一起的时候，他们通常都会扮演父母的角色，不但会照料弟弟妹妹，教弟弟妹妹知识，还觉得自己有责任来确保弟弟妹妹的幸福。有的时候，他们还会培养出一种了不起的组织本领。这些都是正面影响。不过，即便是一种保护他人的追求，也有可能超出正常的程度，变成一种让他人产生依赖感、进而左右他人的欲望。据我在欧洲和美洲的亲身体验来看，我发现绝大部分问题儿童都是家中的长子长女，紧随而来的，就是家中最小的孩子了。这两种极端的位置，引发出了极端的问题，这一点是很有意思的。而我们的教育方法，却迄今仍没有成功地解决长子长女的问题。

第二个孩子所处的，则是一个截然不同的位置，这种处境，是家里其他孩子无法相比的。从一出生起，他就要与另一个孩子分享父母的关注，因此，他会比长子长女更有合作性一点儿。在他所处的环境当中，人际圈子也比较广，只要长子长女不跟他作对、不压制他的话，他的处境就会很舒适。第二个孩子这一位置中最重要的一个事实，与前者有点儿不同。整个童年时期，第二个孩子都会有一个领跑者。由于始终有一个孩子在年纪和成长方面都先于他，因此他具有动力，来让自己努力并且迎头赶上。那种典型的第二个孩子，非常容易辨认出来。他的一举一动，都会表现得像是在赛跑，仿佛有人领先他一两步似的，因此他必须赶紧超过去。他始终都在全力以赴。他不停地训练，好超过自己的哥哥，并将哥哥打败。《圣经》给我们提供了许多奇妙的心理暗示，而在关于雅各的故事中，则非常精彩地描述了这种典型的次子。他希望成为长子，夺走以扫的位置，希望打倒并超过以扫[1]。次子会因为觉得自己总是位居人后而感到恼火，因此会努力超过其他的人。通常来说，这种做法都会获得成功。次子往往会比长子长女更有天赋，取得的成就也会更大。在这一点上，我们可不能认为遗传因素在其成长过程当中起到了什么作用。如果次子进步更快，那是因为他训练得更多。即便是到了长大成人且脱离了家庭圈子之后，次子常常也会利用某个领跑者，把自己与他认为更具优势的某个人进行对比，并且努力去超过。

我们并非只是在现实世界中才看得到这些性格特征。它们会在人格的所有表达中留下印迹，并且很容易在梦中看到。比如说，家中的长子长女经常会做摔落的梦。他们虽说处于领先地位，但拿不准自己能否把这种领先优势保持下去。而另一方面，次子却会经常梦见自己参加赛跑。他们会梦见自己在追赶火车，或者是在参加自行车比赛。有的时候，梦中的这种匆忙本身就足以让我们推断出，做梦者是家中的次子。

然而，我们必须指出，在这个方面并无固定规律可言。并非只有真正的长子长女，才会出现长子长女式的行为举止。这种情况也值得我们考虑，而不能只考虑出生次序。在一个大家庭里，一个晚出生的孩子有时也会处于长子长女的境地。或许是两个孩

---

[1] 参见《圣经·旧约全书》中的《创世记》及《圣经·新约全书》中的《雅各书》等。雅各是耶稣的十二门徒之一，也是耶路撒冷的第一位主教。以扫是他的孪生哥哥，深得父亲以撒的喜爱。后来，以扫为了喝到雅各熬的一碗红豆汤，便把长子的名分卖给了雅各。

子的出生时间挨得很近，比如说，第三个孩子隔了很久才出生，然后又接连生下了两个孩子。这样的话，第三个孩子的身上就有可能表现出长子长女的所有特点。次子的情况也是如此，甚至是老四或者老五出生之后，仍有可能出现一个具有典型的次子特征的孩子。年龄相近、一起长大且与其他孩子年纪相距甚远的两个孩子当中，一个往往会表现出长子的特点，而另一个则表现出次子的特点。

　　有的时候，长子长女会在这种竞争当中落败，这样一来，你们就会发现，长子长女会带来一个问题。有的时候，长子能够保住自己的优势，压制住弟弟妹妹，那样的话，捣乱的就会是次子。如果长子是儿子，第二个孩子是女儿，那么对于长子来说，这就是一种非常艰难的处境了。他会有被一个女孩子打败的危险。而从我们目前的情况来看，他很有可能会觉得，这种落败是一种可怕的耻辱。兄妹或姐弟关系的紧张程度，往往会大于两兄弟之间或者两姊妹之间的紧张程度。在这种争斗当中，女孩子有着天生的优势，因为直到十六岁之前，女孩子在生理和心理方面的发育都比男孩子要快。这样，女孩的哥哥往往会放弃与妹妹争斗，变得懒散和灰心起来。他会到处寻找招数和不正当的手段，以便打败妹妹，比如说，他会吹牛，或者撒谎。我们几乎可以肯定地说，在这种情形下，妹妹最终都会获胜。我们会看到，哥哥采取的是各种各样的错误手段，而妹妹则是轻而易举地解决了自己面临的问题，并且令人惊讶地前进着。这种问题其实是可以避免的，不过我们必须事先了解到其中的危险，并且在造成恶果之前采取措施。只有在一个团结一致、人人平等、相互协作的家庭当中，只有在孩子们没有竞争感，也没有任何理由来让一个孩子觉得自己有敌人并且把时间都花在争斗上的家庭中，才有可能避免出现这样的恶果。

　　其他的孩子全都有跟班儿的，其他的孩子也全都有可能失势，但是，年纪最小的孩子却永远都不可能失势。虽说他没有跟班儿的，可他却有许多的领跑者。他始终都是家中最小的宝宝，也很有可能是家中最受宠爱的孩子。他会面临娇生惯养的那些孩子的问题，不过，由于他的动力极其强大，由于他有诸多的竞争机会，因此经常会发生这样的情况：年纪最小的孩子会用一种不同寻常的方式成长起来，会比其他孩子进步得更快，并且将其他孩子全都打败。年纪最小的孩子所处的这种地位，在人类历史上从来就没有改变过。在人类一些历史最悠久的故事当中，我们常常会看到关于最小的儿子是如何超过其兄弟姐妹的描述。在《圣经》当中，获胜的往往都是年纪最小的孩子。约瑟就是被当成最小的孩子养大的。便雅悯比约瑟小了十七岁，但在约瑟的成长过程中，便雅悯并未起到什么作用[1]。因此，约瑟的人生态度，完全就是家中幼子的典型态度。他总是在维护自己的优势，哪怕在梦里也是如此。其他兄弟都必须向他俯首低头，他的风头，盖过了他们所有人。对于他做的梦，哥哥们都非常了解。这一点对他们来说并不难，因为他们一直都带着约瑟，而约瑟的态度也非常清楚。约瑟在梦中激发出来的情感，他们也感受到了。他们都很怕他，因此想要除掉他。然而，约瑟最终却从最后的一个变成了领先的一个。在后来的岁月中，约瑟还成了整个家庭的栋梁与支柱。幼子通常都会变成整个家庭的支柱，这一点不可能纯属偶然。人们一直都清楚这一点，还描述过许多关于幼子力量的故事。事实上，家中幼子的处境非常有利，他既有父母、兄弟相

---

　　[1] 约瑟（Joseph），雅各的第十一子；便雅悯（Benjamin），雅各的第十二子。他们之间的故事，参见《圣经·旧约全书》中的《创世记》。

助，激发其抱负与努力的因素很多，而且没有人会从他的背后向他发起袭击，或者去分散他的注意力。

　　尽管如此，正如我们已经看到的那样，问题儿童中所占比例位居第二的，也都是家中的幼子。之所以如此，原因通常都在于全家宠爱幼子的方式上。一个娇生惯养的孩子，永远都不可能独立起来。这种孩子会失去凭借自身的努力来获得成功的勇气。年纪最小的孩子，往往都很有抱负，但所有孩子当中野心最大的，却是那些懒惰的孩子。懒惰，正是雄心万丈与灰心沮丧交织在一起的标志，由于抱负太高，以至于一个人都看不到实现此种抱负的希望了。有的时候，家中年纪最小的孩子不会承认自己有某一种抱负，但这是因为他希望自己在各个方面都胜过他人，希望自己神通广大且独一无二。从幼子可能产生出来的自卑感当中，我们也很容易理解这一点。因为幼子所处的环境当中，每一个人的年纪都要比他大，身体都要比他强壮，而经验也都要比他丰富。

　　独生子女也有自己的问题。他也有竞争对手，只不过这个竞争对象并不是他的兄弟或者姐妹。他的竞争感，针对的是自己的父亲。独生子女往往都会受到母亲的溺爱。母亲害怕失去独生的孩子，想时时刻刻都把孩子置于自己的关注之下。于是，独生子便会形成一种所谓的"恋母情结"，他会极度依恋母亲，并且希望把父亲赶出家庭之外。这种现象，也只有在父母双方齐心协力，让孩子关注父母双方的情况下才能防止。不过，在大多数情况下，父亲都不会像母亲那样一心扑在孩子身上。家中的长子长女，偶尔也会表现得很像是独生子女，他们想要打败父亲，并且喜欢年纪比自己大的人。独生子女一听说要生弟弟妹妹时，常常都会怕得要命。倘若家中哪位亲友说："你应当有个弟弟或者妹妹。"独生子女就会极其反感。他希望自己始终都是全家关注的焦点。实际上他还觉得，那是他的一种权利，若是他的地位受到了挑战，那他就会觉得极为不公。在日后的人生当中，只要他不再是关注的焦点，他就会出现诸多的问题。给这种孩子成长过程带来危险的另一个方面，就是这种孩子出生在一种胆小谨慎的环境里。倘若由于生理上的原因，父母没法要更多的孩子，那我们无疑就只有一心一意地去解决独生子女存在的问题了，但是我们却经常发现，许多原本可以要多个孩子的家庭里，却只生了一个孩子。这些家庭中的父母，都是既胆小，又悲观。他们觉得，自己无力解决多要孩子给家庭经济带来的问题。所以，家里会充满了焦虑不安的气氛，而孩子也会受到严重的影响。

倘若各个孩子的出生时间相隔很远的话，那么每个孩子都会形成独生子女的某些特点。这种情况，并不是十分有利。经常有人这样问我："您觉得怎样才算是最佳的生育间隔期呢？""是一个紧跟一个地生孩子好呢，还是隔上很久才生另一个孩子好？"从我的经验来看，最佳间隔期应当是三年左右。到了三岁的时候，倘有弟弟或者妹妹出生，一个孩子就可以与父母协作了。此时，孩子的智力已经充分发育，足以明白家里可能会多出另一个孩子是怎么回事了。倘若孩子才到一岁半或两岁，我们就无法与他来讨论这个问题，因为这个年纪的孩子还理解不了我们的观点。这样，我们就无法让他对弟弟妹妹的出生作好恰当的思想准备了。

在只有一个儿子、其余全是女儿的家庭中长大的男孩子，会面临一段艰难的时光。他是处在一个全是女性的环境里。白天的大部分时间里，父亲都不在家。他只能见到母亲、姐妹和女仆。由于觉得自己与众不同，所以他会在孤立无援中长大。若是家里的女性全都对他群起而攻之，则尤其如此。或许是这些女性认为她们必须教育他，或许是她们想要向他证明，他没有什么理由来自以为了不起。这样，他们之间就会争斗不断。假如这种男孩子上有姐姐、下有妹妹的话，那么他很可能就是处在最不利的位置上，会受到两边的夹击。倘若他是老大，那他就有被一个妹妹、一个很厉害的竞争对手穷追猛打的危险。假如他是最小的弟弟，那么姐姐们就会把他当成宠物。因此，没有人会非常喜欢当家里只有一个男孩、其余全是女孩的这种独子。如果孩子们有一种可以共同参与的、男孩子还可以遇到其他小朋友的社交生活，就可以解决这个问题。否则的话，由于身边不是姐姐就是妹妹，他的举止就有可能变得像女孩子。一种女性化的环境，与一种两性都有的环境是大相径庭的。假如一座公寓的装饰风格并非完全标准化，而是按照居住在其中的人的品位来进行装饰的话，那么我们可以肯定地说，女性所住的公寓会整洁有序，颜色会经过精心挑选，并且在各种各样的细节上都会花费大量心血。倘若其中有男人和男孩居住的话，那么公寓里就不会那么整洁了，房中会显得比较混乱、喧闹，而破损的家具也会较多。周围全是女孩子的这种男孩，在成长过程中很容易培养出女性化的品位以及一种女性化的人生观。

另一方面，这种男孩可能会激烈地对抗这种气氛，并且极其重视自己的男性气质。这样的话，他就始终都会非常警惕，以免自己受到女性的左右。他会觉得，他必须维护自身的差异与优势，不过他跟她们的关系往往就会非常紧张了。他的成长会走向极端，要么会变得非常强势，要么就会变得异常软弱。这种情况，虽说很值得我们去研究与调查，可我们并不是每天都会碰到。因此，在对它进行进一步的讨论之前，我们还必须去探究更多的例子。同样，在只有一个女儿、其余全是儿子的家庭当中，女儿也很容易形成一些极具女性化或者男性化的特征。这种女性，通常是终生都摆脱不了不安全与无助的感觉。

在对成年人进行研究的所有领域，我都已经发现，儿时早期的经历会给人们留下深刻而不可磨灭的印象。在家庭中的位置，会给一个人的人生态度留下一种不可磨灭的印迹。成长过程中的每一个问题，都是由于竞争以及家庭内部缺乏协作所导致的。假如我们环顾一下自己的社交生活，并且问一问，为什么比拼和竞争是社交生活当中最明显的一个方面（事实上，不止社交生活如此，我们的整个世界都是如此），那我们就必定会认识到，人们无论身处哪个领域，都在追求实现那种让自己取得胜利、打败并超越他人的目标。这种目标，是儿童时期所受训练的结果，是那些认为自己不是整个家庭中平等一员的孩子努力比拼与竞争的结果。只有更好地训练孩子培养出合作性，我们才能消除这些不利因素。

第七章　学校的影响

　　学校是家庭的延伸。假如父母都能承担起培养孩子的义务，并且使得孩子能够恰当地去解决人生当中的种种问题，那么，我们就不再需要什么学校教育了。在别的一些文化里，我们常常都会看到，孩子几乎全然是在家里接受培养的。匠人会把儿子培养进自己这一行，会把自己从父辈那里、从实践中学到的手艺教给孩子。然而，当前的文化却对我们提出了更加复杂的要求，因此学校成了减轻父母负担、继续进行他们已经开始的教育所必需的一种机构。与我们在家里能够给予的教育相比，社会生活也需要其中的成员接受水平更高的教育。

　　美国的学校还没有经历完欧洲学校经历过的所有发展阶段，不过，有时候我们仍然能够看到一种专制传统的残留。在欧洲的教育史上，起初只有王公贵族才能接受学校教育。他们是整个社会中唯一被赋予了某种价值的一个阶层；其他阶层则应当老老实实地干好自己的工作，没有更高的追求才行。后来，社会的限制越来越多。宗教机构接管了教育领域，只有少数精心挑选出来的个人，才能获得宗教、艺术、科学与专业学科的教育。

　　到了工业技术开始发展的时候，这些教育形式便显得严重不足了。人们早已开始抗争，要求获得范围更加广泛的教育。以前，村镇学校的校长通常都是鞋匠或者裁缝。他们都是手握棍子来教育孩子，因而教育效果非常不好。只有宗教学校和大学才教授艺术与科学知识，因此有的时候，连皇帝们也没有学会读写。而如今，连工人也必须会读会写，必须会计算、会画画，因而开设了我们所知的公立学校。

然而，这些学校往往都是按照政府的理想开设的，而当权政府的目标，又是让民众变得顺从，让民众接受训练来为上层阶级的利益服务，并且能够变成战士。因此，学校的课程便会按照这一目标来设置。我还记得，有一个时期，这些情况还在奥地利部分地延续下来了。当时，教育最下层民众的目的，就是让他们变得顺从听话，并且让他们能够用与其社会地位相应的方式来说话。后来，人们日益看出了这种教育形式的种种不足。自由观念开始萌芽，工人阶级开始变得强大起来，并且提出了更高的要求。公立学校作出了调整，来满足这些需求。如今，孩子应当学会自行思考，应当获得熟悉文学、艺术和科学等各科知识的机会，应当在分享整个人类文明的过程中成长并为人类文明作出贡献，已经变成一种主流的教育理想。我们不再希望只教会孩子怎样去挣钱，或者只教会他们在工业制度之下找一份工作。我们需要志同道合的同胞。在文化这种共同的使命当中，我们需要平等、独立、有责任感的协作者。

不管是有意识的还是无意识的，所有提出实行某种学校教育改革措施的人，其实都是想要找到一种办法，来增强人类在社会生活当中的协作程度。比如说，在进行品德教育的要求背后，正是这样一种目的。因此，如果我们从这个角度来理解的话，这显然就是一种正当的要求。然而，从整体上来看，迄今人们对教育的目标与方法却还没有彻底理解透。我们必须找到那种不但能够教育孩子们如何挣钱，还能教育孩子用有益于整个人类的方式来工作的老师。他们必须感受到这种使命的重要性，他们必须接受过履行这一使命的训练。目前，品德教育仍然处在试验阶段。

我们必须把司法机关这个方面排除在外，因为迄今为止，司法机关还没有在品德教育方面进行过什么严肃的、有组织的尝试。然而，即便是在学校里，品德教育的结果也不尽如人意。到这些学校来的，都是些在家庭生活中出了问题的孩子，可尽管听了一场又一场的讲座和训诫，他们的错误行为却并没有减少。因此，除了训练这些学校里的老师，让他们理解并帮助孩子在学校成长，就别无他法了。

这个方面，一直都是我自己工作的主要组成部分。我认为，维也纳有许多学校，都走在其他学校的前列。在其他地方，有精神科医师去看孩子们，并且给他们提出一些建议，不过，除非学校里的老师认同并且懂得如何去实施这些建议，否则的话，这样做又有什么用呢？虽说精神科医生每周会去看孩子一次或者两次，甚至是一天一次，可实际上医生并不清楚环境、家庭、家庭之外以及学校本身给孩子带来了什么样的影响。医师会开出处方，说孩子应当加强营养，或者应当进行甲状腺机能治疗。或许，医师给老师提供了应当对孩子进行个性化治疗的线索。然而，老师既不知道此种处方的目的，也没有避免犯错的经验。除非理解了孩子的个性，否则老师是无能为力的。因此，我们需要精神科医师与老师之间建立起一种最密切的协作关系。精神科医生了解的知识，老师必须全都清楚，这样，讨论完孩子的问题之后，老师就可以自行去加以处理，而无须医师的进一步协助了。倘若出现了某种意想不到的问题，老师应当知道如何去应对，就像精神科医师要是在场也会那样去做一样。最实用的一种办法，似乎就是我们已经在维也纳开设的那种"咨询会"。对于这种方法，我到本章结尾处再来加以说明。

孩子刚去上学的时候，会面临着社交生活方面的一种新考验，而这种考验，也将暴露出孩子成长方面存在的所有错误。此时，孩子必须在一个比以往更加广阔的范围内与别人协作。因此，如果在家里被惯坏了，孩子可能就会不愿意离开原来那种无忧无虑的生活，不愿意融入其他的孩子当中。这样，在上学的第一天，我们就能看出一个娇生惯养的孩子在社会感方面的局限来。孩子可能会哭闹，希望大人把他带回家去。孩子会对学校里的功课和老师都不感兴趣。孩子不会去听老师讲了些什么，因为他心里始终都在想着自己。不难看出，倘若孩子继续只关注自己的话，他在学校里就会始终都落后于其他的孩子。一些问题儿童的父母常常会告诉我们说，孩子在家里根本就不捣乱，只有在学校里，孩子才会出现问题。我们推断得到，这种孩子会觉得自己在家里处于一种极其有利的位置。在家里，他无须面对什么考验，因此成长方面的错误并不明显。然而，在学校里，由于不再受到宠爱，孩子会把这种处境看成自己的一种失败。

有个孩子，从上学的第一天起就什么也没干，只是老师每说一句话，他都会笑起来。他对任何一门功课都没有兴趣，因此大家都觉得，他一定是个低能儿童。我见到他后，对他说道："大家都很奇怪，你在学校里为什么会笑个不停。"他回答道："学校是爸爸妈妈编出来的一个玩笑。他们把孩子送到学校去，就是为了戏弄孩子。"他在家里经常受到戏弄，因此非常肯定地认为，每一种新的处境，都是对他开的一个新的玩笑。我巧妙地向他指出，他是过分地强调了维护自身尊严的必要性，并不是每一个人都会去愚弄他。最后，他终于能够把注意力转向功课，并且取得了很大的进步。

老师的任务，就是要注意到孩子们面临的问题，并且纠正孩子父母曾经犯下的错误。他们会发现，有些孩子已经作好了融入这种范围更广的社会生活当中的心理准备。这种孩子，在家里就已经得到了训练，能够去关注他人。有些孩子却没有作好准备，不管什么时候，倘若对一个问题没有作好心理准备，一个人就会变得犹豫不决，或者在问题面前退缩。所有学业落后但并非绝对低能的孩子，在适应社会生活这个问题面前，都会犹豫，而老师所处的位置则能最佳地帮助孩子，来应对一种对孩子而言属于全新的环境。

不过，怎样去帮助孩子呢？老师要做的，正是一位母亲应当去做的事情，即与孩子之间建立起联系，并且让孩子关注老师。老师日后所作的调整，全都取决于孩子的关注点。严厉或者惩罚，是绝不可能让孩子产生关注的。倘若一个孩子上学之后，发现自己难以与老师和其他的孩子进行沟通，那么批评和责骂孩子，就是一种最糟糕的办法。这种办法只会向孩子清晰地说明，他不喜欢上学是有正当理由的。我必须承认，假如我自己是一个小朋友，在学校里经常受到老师的责骂与训斥的话，那我就会尽可能地把自己的注意力从老师身上转移到其他地方去。我会寻找进入一种新的环境，从而彻底逃避上学的办法。那些逃学、顽皮、显得很笨且难以掌控的孩子，主要都是那些觉得学校因此而成了一种人为的、令人不快的环境的孩子。其实，他们并不愚笨，他们在编造逃学借口或者伪造家长来信方面，通常都会表现出极大的独创性。然而，在学校之外，他们也会看到其他一些孩子，这些孩子在他们之前一直就在逃学。从这些同伴身上获得的赏识，比他们在学校里获得的更多。他们觉得自己感兴趣并且能够证明他们有价值的圈子，并非学校里的班级，而是如此结成的团伙。我们可以看出，在此种情况下，那些没有融入到班级当中、变成班级整体一分子的孩子，是如何受到刺激并让自己走上犯罪道路的。

如果一位老师想要吸引孩子的注意力，那他就会去了解孩子以前的兴趣是什么，并且让孩子确信，他可以在这种或者其他的兴趣方面有所成就。倘若孩子在某个方面觉得很自信，那么要激发出孩子在其他方面的自信之心，也就比较容易了。因此，我们从一开始就应当找出孩子对整个世界的看法，以及哪种生理感官最能引起他的关注并且因而达到了最敏感的程度。有些孩子对观察最感兴趣，有些孩子最感兴趣的是聆听，还有些孩子则对运动最为关注。属于视觉型的孩子，会比较容易对那些必须用眼睛去看的东西产生兴趣，比较容易对地理或者绘画这种科目产生兴趣。假如老师进行的是讲座，那么这种孩子就不会去听，因为他们不那么习惯用听觉方面去关注。倘若这种孩子没有机会通过自己的眼睛来学习，他们就会落后。或许，人们就会想当然地认为他们没有什么本领和天赋，而这种责任，又会归咎于遗传。其实，责任更应当归咎于孩子的老师和父母，因为他们没有找到激发孩子兴趣的正确方法。我并不是在说，儿童教育应当专业化，不过，我们应当利用某种高度培养出来的兴趣，去鼓励孩子培养出其他的兴趣。在我们自身所处的这个时代，已经有了一些学校，用一种能够调动所有感官的方式，来将课程教授给孩子。比如说，上课时会把造型练习或者绘画练习结合起来。这是一种值得鼓励的倾向，应当得到进一步的发展。最佳的教学方法，就是让课程与人生的其他方面保持一致，以便孩子能够明白此种教育的目的，明白他们正在学习的知识的实用价值。人们经常会提出一个问题，那就是把各科知识都教给孩子好呢，还是教他们自行思考更好。在我看来，这个问题是把这两个方面太过严格地对立起来了。两种方法其实可以结合起来。比如说，联系修建房屋来教孩子算术，让孩子算出需要多少木材、房子里可以居住多少人，等等，会带来很大的好处。有些课程放在一起，就可以轻而易举地教给孩子，而我们也经常发现，一些专业人士会将生活的一个方面与另一个方面联系起来。例如，老师可以与孩子们一起散步，从而发现孩子最感兴趣的是什么。与此同时，老师还可以教孩子们认识植物与植物的构造、植物的进化与利用、气候的影响、乡村的自然特征、人类的历史。实际上，老师几乎可以将人生中的每一个方面都教给孩子。当然，我们必须以一个老师确实关注自己所教的孩子为前提条件才行，不过倘若没有这种先决条件，那么，我们在教育孩子方面就毫无希望可言。

在目前的体制下，我们通常都会发现，孩子开始上学时，对竞争的心理准备会做得比对合作的心理准备更加充分，并且竞争方面的训练还会贯穿孩子的整个学生时代。对于孩子来说，这实在是一种不幸。可以说，孩子名列前茅、努力去打败其他孩子，与孩子落在后面并且放弃努力一样，都是一种不幸。这两种情况下，孩子关注的主要都是自己。孩子的目标不是作出贡献与帮助他人，而是确保为自己争取到能够获得的东西。与家庭应当是一个单元，每位家人都应当是整个家庭当中平等的一分子一样，班级也该做到这一点。倘若用这种方式来培养，孩子们就会真正关注彼此，并且享受协作带来的快乐。我已经看到过，许多的"问题"孩子都通过关注其他孩子、与其他孩子协作而彻底改变了自己的态度。我尤其可以提一提其中的一个孩子。在家里的时候，他觉得家里的每一个人都敌视他。因此，他以为上学之后，学校里的每个人也都会敌视他。他的学业成绩一直都很不好，而待父母得知这一情况之后，就会在家里惩罚他。这种情况，实在是太常见了：一个孩子在学校里成绩不好，并且被老师责骂，而把成绩单带回家去之后，他又会再次受到惩罚。这样的经历，一次就足以让人灰心，而承受两次惩罚，就更是一种非常可怕的事情。那么这个孩子成绩一直落后，并且一直是班里的"害群之马"，也就不足为怪了。最后，他终于发现了一位理解其处境的老师，这位老师，向其他孩子解释了这个男孩为何会认为大家都是他的敌人。老师支持其他孩子伸出援手，让这个男孩确信大家都是他的朋友，而这个男孩的整体表现与进步情况，也出现了令人难以置信的改善。

有时候，人们会怀疑，儿童未必真的能够习得理解彼此并且用此种方式来帮助别人的本领，不过，儿童经常比大人理解得更加透彻，这一点却是我的经验之谈。一位母亲曾经带着两个孩子来到我的诊所，其中一个是两岁的女孩，另一个是三岁的男孩。小姑娘爬到了一张桌子上，把她妈妈吓得要命。那位母亲太过紧张，以至于浑身动弹不得，只是一个劲儿地大叫："下来！下来！"小姑娘根本就不理她。可等到那个三岁的小男孩说："待在那里！"小姑娘却马上爬了下来。显然，小男孩比母亲更了解妹妹，知道怎样去对付她。

为了增强一个班级的团结性与协作性，人们经常提出一种建议，那就是让孩子们自己管理自己。但我觉得，在这种尝试过程中，我们必须小心行事，应当在一位老师的引导之下，并且确保孩子们都作好了恰当的心理准备才行。否则的话，我们就会发现，孩子们不会很严肃地对待这种自我管理，会把它看成一种游戏。结果，他们就会变得比一位老师还要严格，还要严厉；要不然，他们就会利用会议来获取某种个人优越感、公开争吵、彼此责骂或者获得某种优势地位。因此，从一开始，就必须有老师来进行看管和提出建议。

要想看出一个孩子目前在心理成长、性格和社会行为方面所处的水平，我们就不可避免地要用到这种或那种测试。的确，有的时候，像"智力测验"这样的测试可以挽救一个孩子。比如，一个男孩子的学习成绩很差，老师希望他留级。于是，老师让他参加了一次智力测验，发现他其实是可以升级的。然而，大家应该认识到，我们是绝不可能预测出一个孩子在未来的成长方面会有哪些局限性的。"智商"只应当用于去让我们了解一个孩子所面临的问题，以便我们可以找出一个办法来克服这些问题。就我的亲身经验来看，倘若没有显示出孩子确实属于低能儿童，那么，只要我们找对了方法，一种"智商"往往都是可以改变的。我已经发现，如果允许孩子们玩智力测验游戏、熟悉智力测验、找到其中的窍门并且增长做这种测试的经验，他们的"智商"都会提高。因此，我们不该认为"智商"给孩子未来的成就设定了某种限度，无论这种限度是命中注定还是遗传得来的。

而孩子本身以及孩子的父母，也不应当知悉孩子的"智商"情况。他们并不清楚此种测试的目的，因而会认为此种测试代表了一种最终的定论。教育领域里最大的难题，并非源自孩子具有种种局限，而是源自孩子自以为局限的那些东西。假如一个孩子得知自己的"智商"很低，那么他可能就会丧失希望，认为自己不可能成功。在教育领域里，我们应当一心加强孩子的勇气和兴趣，并且消除孩子通过对人生的诠释而给自身能力所设定的那些局限。

　　在学业成绩方面，差不多也是这样。就算老师给一个孩子打了差评，老师也会以为，这样做是在激励孩子更加努力。然而，倘若这个孩子的家教非常严厉，那么孩子就会不敢把成绩单带回家里去。他可能会离家出走，或者修改成绩单。有的时候，在这种情况下，有些孩子甚至还会自杀。因此，老师应当考虑到过后可能出现的情况。虽然他们对孩子的家庭生活及家庭生活给孩子所带来的影响没有责任，但他们必须把这个方面也考虑到。假如孩子父母的期望值很高，那么孩子带着这种成绩单回家之后，很有可能会大大出丑，并且受到家长责骂。老师要是温和一点儿、亲切一点儿的话，孩子就有可能受到鼓励，去力争上游、获得成功。倘若一个孩子总是成绩不好，并且其他人都认为他是班里最差的学生，那么他自己也会慢慢地相信这一点，并且认为这种情况是无法改变的。然而，哪怕是最差的学生，也有可能取得进步。世界一些最著名的人物当中，就有很多的例子，可以说明一个在学校里成绩很差的学生，也有可能恢复勇气与兴趣，并且不断前进，取得伟大的成就。

　　孩子们本身通常不用看成绩，就能对彼此目前的能力作出一种相当不错的判断，看到这一点是很有意思的。他们都很清楚，谁的算术、拼写、画画和体育最好，并且能够很好地将自己归类。他们最为经常地犯下的一种错误，就是认为自己永远都不可能做得更好。他们看到别人比自己优秀，认为自己永远都赶不上别人。假如一个孩子根深蒂固地形成了这样一种看法，那么在日后的人生当中，他就会将这种观点转移到自己所处的环境当中去。即便是在成年之后，他也会判断自己相对于别人的位置，认为自己必须始终停在落后的位置上。学校里的绝大部分孩子，在他们上过的所有班级当中，或多或少都是处于同样的位次。他们要么是始终都名列前茅，要么是始终都处于中游，要么就是始终垫底儿。我们可不能以为这一事实说明了孩子天生聪明或者愚笨。这个事实，表明的是孩子给自己设定的局限、乐观程度以及活动领域。我们绝对没有听说过，一个一直在班上垫底儿的孩子会突然改头换面，取得惊人的进步。孩子们应当理解此种自我限制中所包含的错误，而老师和孩子也都应当摒弃掉下述这样一种迷信观念：一个智力正常的孩子，其进步可能与遗传有关。

在教育领域里的所有谬误当中，最糟糕的一种就是认为遗传对成长具有决定作用。这种观点给了老师和家长一个借口，来搪塞他们所犯的错误，并且减少他们应当付出的努力。这种观点，可以让他们免负自己能够影响孩子的责任。任何一种逃避责任的做法，都应当加以摒弃。如果一位教育工作者真的将性格与智力的整体发展全都归因于遗传，那我可看不出，他又如何有望在自己的职业领域内取得任何成就。而另一方面，倘若明白自己的态度与努力会对孩子们产生影响，那他就不可能因为考虑到遗传因素而找到一种逃避责任的方法。

在这里，我指的并不是生理遗传。生理缺陷方面的遗传，是无可争辩的事实。但我认为，只有个体心理学才认识到了这种遗传缺陷对心理成长的重要性。儿童在心理上会体验到生理器官发挥功能的有效程度，因此，他们会根据对自身缺陷的判断来约束自身的成长。并不是缺陷本身会影响心理，而是儿童对待此种缺陷的态度以及由此而来的训练，会对心理产生影响。因此，假如一个孩子患有某种生理残疾，那么我们尤其应当做到，不给这个孩子以任何理由，去得出他在智力或性格上会受到影响的结论。在前面的一章中，我们已经看到，同样的一种生理缺陷，既可以看成一种激励孩子作出更大努力并且取得成功的因素，也可以看成一种必定会阻碍孩子成长的障碍。

　　起初，在我提出这一结论之后，许多人都指责我，说这种结论毫不科学，说我提出的是一种与事实相矛盾的个人见解。然而，我是从亲身经历中得出这一结论的，而支持这一结论的证据，也一直在越积越多。如今，其他许多精神病医师与心理学家都开始接受同一种观点，而认为性格中具有遗传因素的观点，也可以称之为迷信了。这种迷信观念，已经存在了数千年之久。不管什么时候，只要人们希望逃避责任，并且对人类的行为采取一种宿命论观点，性格缺陷属于遗传的这种理论，就必定会现身。用最简单的方式来说就是，这种理论认为，孩子刚一出生，是善是恶就已经定了型。用这种方式，我们很容易看出此种理论完全是胡说八道。只有极其渴望逃避责任的人，才有可能允许这种观念存在下去。"善"与"恶"，与性格方面的其他诸多表现一样，只有到了社会这种背景当中才有意义。它们是在一种社会性的环境当中、在我们的同胞当中经过训练之后产生的结果，其中隐含着一种判断，即"有益于他人的幸福"，还是"不利于他人的幸福"。孩子在出生之前，并没有处在这种意义上的社会性环境里。出生之后，孩子则有可能朝着二者当中的任何一个方向发展。孩子选择遵循哪一条道路，将取决于孩子从所处环境当中、从自己身上获得的那些印象与感觉，将取决于孩子对这些印象与感觉的诠释。尤其是，它将取决于孩子所受的教育。

　　智力的遗传性也是如此，尽管证据可能不那么明显。心智成长过程中最重要的因素，就是兴趣。而我们也已经看出，兴趣之所以受到阻碍，不是因为遗传因素，而是被泄气与害怕失败的心理所阻。大脑结构在某种程度上来说具有遗传性，这一点无疑是对的，可大脑只是一种工具，而非心智的起源，并且，倘若就目前我们所了解的知识来看，这种缺陷不是太过严重、无法修复的话，那么大脑是可以通过训练来弥补此种缺陷的。我们会发现，在每一个具有非凡本领的人身上，并没有某种异于寻常的遗传性，而是一种长久的兴趣与培养。

即便是在发现有许多家庭在数代之中曾经出过不少为社会发展作出贡献的人才的情况下，我们也不能以为这是什么遗传性影响在起作用。相反，我们可以认为，某位家庭成员取得的成就，会成为一种激励其他家人的动力，而这些家庭的传统，也允许孩子们遵循自身的兴趣爱好，并且会通过练习与训练，来对孩子进行培养。因此，比如说，得知李比希[1]这位伟大的化学家是一位药房老板的儿子之后，我们可不能认为他在化学领域里的本领是遗传得来的。只要我们知道，他所处的环境允许他去追求自己的兴趣，就足够了。而且，在绝大多数孩子对化学都一无所知的那个年纪，他却已经熟练地掌握了大量的化学知识。莫扎特的父母对音乐很感兴趣，可莫扎特的音乐天赋却不是遗传得来的。他的父母希望他对音乐感兴趣，因此不断地对他进行鼓励。从很小的时候起，他所处的整个环境，就是一种与音乐相关的环境。在一些杰出人物的身上，我们通常都会发现这种"很早就开始了"的事实。他们要么是在四岁的时候就开始弹钢琴了，要么还在很小的时候，就已经开始给其他家人编写故事了。他们的兴趣，保持得既长久又连续不断。他们的培养，既是不由自主的，又是范围广泛的。他们都保持着勇气，既没有犹豫不前，也没有落在后面。

---

[1] 李比希（Liebig, 1803—1873），德国著名化学家。他最重要的贡献在于农业和生物化学，因创立了有机化学而被称为"有机化学之父"。他还发现了氮对于植物营养的重要性，故也被称为"肥料工业之父"。

　　倘若老师本身就认为成长过程中具有某些固定的局限性，那么任何一位老师都是无法成功地消除一个孩子为自身成长而设定的那些局限的。假如对一个孩子这样说"你在数学方面没有任何天赋"，可能会缓和老师的处境，可这样做，除了让孩子感到灰心丧气之外，是没有其他任何作用的。我自己就有过这样的经历。有那么几年，我曾经是班里的数学蠢材，因此确信我没有任何数学天赋。幸运的是，有一天，我发现自己竟然能够解出一道连校长都答不上来的问题，因而大感震惊。这次成功，彻底改变了我对数学的整个态度。以前我对整个数学课程都不感兴趣，可如今我却开始喜欢这一科目，并且开始利用每一个机会，来提高自己的数学能力。结果，我就变成了全校的一个"神算子"。我认为，正是这次经历，帮助我看清了那些关于特殊天赋或者天生能力的理论的谬误所在。

　　即便是在一个人数众多的班级里，我们也能够观察到孩子们之间的差异。假如理解了孩子们的性格，那么，与不加分别地加以对待相比，我们就能更好地去应对他们了。然而，班里人数过多，无疑是一种不利条件。其中有些孩子的问题会被掩盖起来，从而使我们难以正确地去加以应对。一位老师应当深入了解所有学生的情况，否则的话，老师就无法让学生产生关注与协作性来。我认为，假如孩子们数年间不换老师的话，会有很大的好处。在有些学校里，每隔六个月左右就会换一次老师。这样一来，任何老师都没有太多的机会来跟孩子们相处，都没有太多的机会来看出孩子们的问题，也无法密切关注孩子们的成长。假如一位老师与同一群学生相处了三四年的话，老师就能更加容易地发现并纠正孩子人生态度当中的错误，而且更容易使班级创造出一个具有协作精神的社会单元来。

对于孩子来说，跳级经常是没有好处的，因为这种孩子通常都背负着种种他还没有达到的期望。假如孩子的年纪比同班同学大很多，或者发育得比同班同学要快，那么我们或许应当考虑让孩子跳到较高的年级去。然而，如果像我们已经提出的那样，班级应当是一个统一体的话，那么其中某个学生的成功，对其他孩子来说应该也是一种有利条件。一个班里若是有能力出众的孩子，就会促进整个班级的进步速度，并且使得这种整体进步显得更突出。如果剥夺了这样一种激励因素，那么对其他孩子来说，就是不公平的。我倒是宁愿提出这样一种建议：可以让那种异常聪明的学生在日常功课之外去进行其他的活动，去培养其他的兴趣，比如说绘画。他在这些活动里的成功，也会拓宽其他孩子的兴趣，并且鼓励其他孩子前进。

如果让孩子留级，那就更可惜了。每位老师都会同意，说留级生在学校和在家里的时候都是一个问题。其实，情况并非总是如此，也有一小部分留级生，根本就不会给我们带来任何问题。不过，绝大部分留级的孩子却总是会拖后腿，会问题不断。他们在同龄孩子心目中的评价都不佳，而他们对自己的能力也持有一种悲观失望的态度。这是一个难题，而从目前学校的常规做法来看，我们也很难轻易摆脱让孩子留级的问题。有些老师已经利用假期的时间来进行训练，让孩子认识到自身人生态度当中的错误之处，从而使得那些成绩落后的孩子不必再去留级。认识到了这些错误之后，孩子或许就可以各方面都表现不错地度过下一个年级了。事实上，这是我们能够真正帮到那些成绩落后的孩子的唯一办法。通过让孩子认识到他在对自身能力进行判断这一过程中所犯的错误，我们就能让孩子放下包袱，通过自身的努力来取得进步。

　　不管是在哪里，只要看到学校根据聪明与否来分年级，并把孩子们分成快班、慢班的做法，我都会注意到一个显著的事实。由于以前主要是待在欧洲，因此我不知道自己观察到的这个事实是不是也适用于美国的情况。我发现，教学进度较慢的年级里既有低能儿童，也有来自贫困家庭的孩子。而在进度较快的年级里，我发现的却主要是富裕家庭的孩子。这一事实，似乎是可以理解的。在较穷的人家，孩子在教育方面所作的准备也不会很好。这种家庭的家长面临着太多的困难，他们无法抽出很多的时间来帮孩子作准备，或许父母本身就没有受过多少教育，根本就帮不到孩子。然而，我认为，那些学前教育准备得不充分的孩子，不应当分到进度较慢的班级里去。一名训练有素的老师，会明白如何去纠正这些孩子缺乏准备的问题，而在与那些准备更充分的孩子一起学习的过程中，这些孩子也会有所收获。如果把这些孩子分到进度较慢的年级，他们往往都很清楚这一事实；而分到进度较快的年级中的孩子也清楚这一点，于是他们就会瞧不起其他的孩子。于是，这就成了易于丧失勇气和不再追求个人优越地位的沃土。

　　原则上来说，男女同校教育值得我们大力支持。这是一种很好的方法，可以让男孩子和女孩子相互更加了解，并且学会与异性协作。然而，那些认为男女同校教育会解决所有问题的人，却是在犯下一个大错。男女同校教育本身也会带来一个特殊的问题，除非我们认识到了这个特殊问题，并将其当成一个问题来加以应对，否则的话，与男女不同校相比，同校教育就会让两性之间产生更大的差异。比如，其中的难题之一，就是在十六岁之前，女孩子都要比男孩子发育得快。假如男孩子们不明白这一点，他们就会难以保持好自尊心。他们会认为女孩子超过了自己，会因此而灰心丧气。到了日后的生活当中，他们就会害怕与异性展开竞争，因为他们还记得上学时自己败在了异性手下的经历。一位支持男女同校教育并且理解此种教育方式中存在的问题的老师，可以在这方面得到巨大的收获；不过，倘若并非全然赞同这种教育方式，并且并非真正关注这种教育的话，这位老师就会一事无成。另一个难题就是，孩子们如果没有得到正确的训练与监管，那么肯定就会出现性方面的问题。在学校里进行性教育，是个非常复杂的问题。教室不是进行性教育的合适场所，倘若老师是对整个班级进行教育，那他就无从知道，每个孩子是不是全都正确地理解了他的意思。这样一来，老师可能就会在不知道孩子是不是作好了接受教育的准备，或者不知道孩子会如何让性知识去适应其人生态度的情况下，激发出了孩子们的兴趣。当然，如果某个孩子希望了解更多的性知识，并且私下向老师提出问题，那么老师应当实事求是、直截了当地回答孩子。那样的话，他就有机会判断出孩子真正想要了解的是哪个方面，并且引导孩子走上找出正确办法的道路。然而，如果班上经常讨论性知识，那就是一种弊端了。有些孩子必定会产生误解，而把性问题当成一个无关紧要的问题，也是没有好处的。

对于任何一个在理解孩子方面接受过训练的人而言，区分不同的人生类型与人生态度并不难。一个孩子具有多大的协作精神，可以从他的态度、观察与聆听的方式、与其他孩子之间的近疏、交友时是否拘谨、关注和集中注意力的本领等方面看出来。假如孩子忘记写作业了或者是丢了课本，那我们就可以推断出，这个孩子对功课不感兴趣。我们必须找出孩子厌学的原因来。假如孩子不跟其他孩子一起做游戏，那么我们就可以辨别出他的孤独感，以及他只关注自身等情况来。倘若孩子总是希望有人在功课上帮他，那我们就能看出，这个孩子缺乏独立性，渴望获得别人的支持。

　　有些孩子，只有在得到表扬和重视的时候才会学习。许多娇生惯养的孩子，只要能够获得老师的关注，学习成绩都非常好。如果失去了这种受到特殊关注的待遇，他们就会出问题。这种孩子，除非拥有一个观众，否则就无法继续前进，倘若没有人关注，他们的兴趣也就到此为止了。对于这种孩子来说，数学通常都会是一种很大的挑战，通常都会是一大难题。如果只要求他们记住几条规律或者几句话，他们就会迅速记住，速度令人钦佩，可一旦必须独自去解决一个问题，他们就会茫无头绪了。这一点，似乎只是一个小小的毛病，可正是那些始终需要他人来支持和关注的孩子，日后才会给我们的共同生活带来最为严重的危险。倘若这种态度一直没有改变，那么到了成年之后，这种孩子在生活中仍然会继续不断地需要和要求别人来支持他。只要碰到问题，他便会以一种旨在迫使别人替他解决问题的方式来作出反应。在一生当中，他非但不会为别人的幸福作出任何贡献，反而会竭尽全力，成为同胞的永久负担。

　　还有一种孩子，也渴望成为关注的中心，倘若没有如愿以偿，他们就会想方设法，通过搬弄是非、干扰全班、带坏其他孩子，通过变成大家都不喜欢的讨厌鬼，来获得这种关注。训斥与惩罚，都不会令这种孩子有所改变，相反，他还会以受到训斥和惩罚为荣。与受到忽视相比，这种孩子宁愿受到重责；而其顽劣行为所导致的痛苦，只是他为获得快乐而付出的代价。惩罚，只会促使许多孩子继续保持他们的人生态度。他们会把惩罚当成是一种看谁坚持得最久的竞赛或者游戏，而最终他们往往都能获胜，因为这个问题的主动权，其实完全掌握在他们自己的手里。

所以，那些与父母或者老师对着干的孩子，有时还会训练自己在受到惩罚时不哭反笑。

一个懒惰的孩子，除非他的懒惰是对父母和老师的一种直接挑衅，否则的话，他们差不多往往都是很有抱负、害怕失败的孩子。每个人对成功这个词的理解都不同，可有的时候，发现一个孩子把什么样的情况看成失败，却会让人大吃一惊。有许多的人，倘若没有走在其他所有人的前头，他们就会觉得自己失败了。就算他们实际上干得很成功，只要有人比他们干得更好，他们也会把这种情况看成一种失败。一个懒惰的孩子，实际上从来都不会体验到真正的失败感。这是因为，他们从来都不会真正地面对某种考验。他们不会去考虑眼前的问题，并且迟迟不会作出自己能否与他人展开竞争的决断。其他人或多或少都会肯定地说，只要不那么懒，这种人是能够解决自身面临的问题的。懒惰的孩子会躲入那种无忧无虑的世界里，心里却在想："只要去尝试，我就能够干成任何事情。"无论何时，只要失败了，他都能把失败的重要性降低，从而保持好自尊心。他可以对自己这样说："这只是因为我懒罢了，而不是说我没有能力。"

有的时候，老师会对一名懒惰的学生这样说："如果努力一点儿，你就可以成为班上最聪明的学生。"如果他什么都不需要做，就能获得这样一种荣誉，那他又为什么要冒着失去这种荣誉的风险去学习呢？若是不再懒惰的话，他具有潜在天分的名声没准儿就会没有了呢。那样一来，别人就只会拿成绩去评价他，而不是根据他可能获得的成绩去评价他了。对于懒惰的孩子来说，还有一种个人优势，那就是：只要做一丁点儿功课，他就会因此而受到表扬。大家都从他的行为当中看到了有所改善的迹象，因而都急于去鼓励他更进一步。一个勤奋的孩子完成了同一种功课，却绝不会有人注意到。这样一来，懒惰的孩子就生活在别人的期望里。这种孩子，也属于娇生惯养的孩子。他们从婴儿时期起就开始训练自己，从而习惯性地期待一切全都来自其他人的努力。

　　还有一种孩子，我们经常见到，也很容易辨识出来，就是那种在同龄儿童当中当领头羊的孩子。人类的确需要领袖，但只需要那种在为其他所有人谋利益的过程中身先士卒的领袖。可这种领袖，我们却不常看到。绝大多数领头的孩子，关注的都只是那些可以让他们控制和左右他人的处境，并且只有在满足这些条件的情况下，才会与同龄孩子融为一体且齐心协力。因此，这种类型的孩子，并不是有着可喜前途的一类孩子。在他们日后的人生当中，必定会出现种种困难；而且，看到两个这样的领头者在婚姻、生意或者社交关系当中凑到一起，即便不是悲剧，也是很滑稽的。这样的两个人，都在寻找机会来左右对方，并且确立起自己的优势地位。有时，家中年纪较大的长辈，喜欢看到一个被娇惯的孩子对他们发号施令和欺压他们的情景。他们会笑话孩子的做法，并且鼓励孩子继续那样干。然而，老师很快就能看出，如此培养出来的，可不是一种有益于社交生活的性格。

　　孩子的类型始终都会是多种多样、千差万别的，因此，我们的目标完全不是要把他们全都塑造成一个模子，也不是要从他们当中归纳出那么多的类型来。然而，我们希望能够防止孩子出现那种显然会导致失败与问题的成长过程，而在童年时代，这种问题则相对比较容易得到纠正和预防。倘若没能得以纠正，那么进入成年生活之后，它们所带来的社会后果就会非常严重，而且具有破坏性。童年时代所犯的错误，与成年之后的失败是一脉相承的。没有学会与他人协作的孩子，日后就会变成精神病患者、酗酒者、犯罪分子或者自杀者。焦虑型神经官能症患者都极其害怕黑暗，害怕陌生人，或者害怕新的环境。忧郁症患者都是爱发牢骚的人。在我们目前的这个社会里，我们不能指望接触到所有家长，并且帮助他们避免犯错。最需要获得建议的父母，就是那些从未寻求过老师建议的父母。然而，我们可以做到接触所有的老师，并且通过他们，来接触所有的孩子，来纠正孩子已经犯下的错误，并且训练孩子获得一种独立、勇敢而具有协作精神的人生。在我看来，人类幸福那种最了不起的前景，恰恰存在于这种工作当中。

正是由于有了这一目标，我才在大约十五年之前开始着手，开发出了个体心理学里的"咨询会"这种方法。最终证明，这种方法在维也纳以及欧洲其他的许多城市里都是非常有效的。怀有崇高的理想与伟大的希望固然很好，但若是没有找对方法，所有理想终究会一文不值。有了这十五年的经验，我自认为可以说，这些"咨询会"都已证明是一种彻底的成功，给我们提供了一种最好的工具，来应对儿童时期的种种问题，并将孩子教育成有责任感的同胞。自然，我确信，"咨询会"这种方法只有以个体心理学为基础，才能获得最大的成功。但是，我也没有看到任何理由，来说它们不应当与其他流派的心理学家进行协作。事实上，我一向都提倡，应当与每一个不同的心理学流派联系起来，并且根据每种流派所获结果之间的对比，来成立"咨询会"。

在方法上，一般是由一名训练有素，并且对老师、家长及孩子们遇到的各种问题都有丰富经验的心理学家，与一个学校的老师们携手成立"咨询会"，并且一起讨论老师们在工作中出现的问题。当这位心理学家来到学校时，某位老师会描述一个孩子的情况，以及这个孩子所带来的问题。这个孩子可能很懒，可能喜欢吵架、逃课、小偷小摸，或者是学习成绩落后。心理学家则会说出自己的经验，然后展开讨论。孩子的家庭生活、性格以及成长过程，都会加以讨论。他们还会提及孩子首次出现这一问题时的情况。老师们和心理学家会一起探究这一问题的可能原因，以及应当加以解决的办法。由于大家都有丰富的经验，因此他们很快就会得出一个共同的结论来。

心理学家来学校的那一天，母亲与孩子都会来到学校里。在老师和心理学家决定好跟母亲谈话的最佳方式、如何去对孩子母亲施加影响以及如何向她说明孩子表现不好的原因之后，他们就会把那位母亲请进来。母亲会有更多的情况可以提供，于是，心理学家与孩子母亲之间便会进行讨论。其间，心理学家还会提出在哪些方面可以帮助孩子。通常来说，有这样一个咨询的机会，孩子的母亲会非常高兴，并且很乐意与心理学家进行协作。

如果孩子的母亲有抵制心理的话，心理学家或老师们便会与她一起讨论类似的例子，并且从中得出她可以应用到自己孩子身上去的结论来。

接下来，孩子会进入房间，心理学家便会与之交谈。当然，谈的并不是孩子所犯的错误，而是孩子面临的问题。心理学家会寻找那些阻碍孩子全面成长的看法与判断，寻找孩子认为自己受到了忽视而其他孩子更招人喜爱的想法，以及诸如此类的东西。他不会去训斥孩子，而会与孩子进行一场友好亲切、可以给他带来另一种看法的交谈。就算提到了某种实实在在的错误，心理学家也会把它当成一种假设的情况提出来，并且引导孩子说出自己对这种错误的看法。对于任何一个在这项工作上没有经验的人来说，看到孩子完全理解并且能够迅速改变自己的整个态度，都会觉得非常惊讶。

　　我在这项工作中培训过的所有老师，全都乐在其中，并且在任何情况下都不会中断这种训练。这种训练，不但使他们的整个教学工作都更有意思了，还增加了他们种种努力所获得的成就。他们当中，没有一个人把这种培训看成一种额外的负担。因为通常来说，在半个小时或者更短的时间内，他们就能解决掉一个可能已经纠缠并困扰了自己好几年的难题。整个学校里的协作精神得到了提高，因此不久之后，孩子们就不再出现严重的问题，只有一些小小的错误做法需要处理了。老师们本身都成了真正的心理学家。他们学会了理解人格的统一性，学会了理解人格所有表达的一致性。假如在哪天出现了什么问题，他们自己就能把问题解决掉。实际上，我们还抱有一种希望，这就是：如果所有的教师都可以获得培训，那么心理学家就会变得多余了。

　　因此，比如说，假如老师发现班上有个孩子很懒，他就会向孩子们提出，全班就懒惰这个问题进行一场讨论。在讨论之前，老师会先这样问："懒惰的根源是什么？""懒惰的目的是什么？""为什么一个懒惰的孩子改不了这个毛病？""哪些行为应当加以改变？"孩子们会展开讨论，一一发言，然后得出一个结论。那个懒惰的孩子并不知道自己就是引发这场讨论的源头，可他自己身上有这个问题，他会很感兴趣，因而会从讨论中学到许多的东西。如果受到直接批评的话，他就什么也学不到；可若是能够让他无意中听到，他就会去思考，或许就能改变自己的态度了。

　　没有哪一个人，能够像一个与孩子们一起生活、共同学习的老师那样，充分了解孩子们的心理。老师看到了那么多形形色色的孩子，而且如果一位老师够高明的话，他还会与每个孩子都建立起一种联系。一个孩子在家庭生活中所犯的错误是会继续留存下去，还是会得到纠正，全都取决于老师。与孩子的母亲一样，老师也是人类未来的守护者。在这个方面，老师能够发挥出来的作用是不可估量的。

第八章　青春期

　　论述青春期的书籍有很多，而在论述这一问题时，几乎所有的书籍似乎都认为这是一个危险的关键时期，好像一个人的整个性格在这一时期都有可能改变一样。青春期的确存在着许多危险，但要说青春期能改变一个人的性格，却纯属无稽之谈。这一时期，会给正在成长的孩子带来新的情况与新的考验。孩子会觉得，自己正在靠近人生的前沿。孩子人生态度当中迄今尚未被人察觉的一些错误，在这一时期可能会自行呈现出来。然而，这些错误其实一直存在，一个眼光老到的人往往可能早就看出来了。此时，这些错误则会变得越发重要，再也不能被忽视了。

　　差不多对每一个孩子来说，青春期都意味着一件高于一切的事情，这就是：他必须证明，自己不再是个小孩子了。或许我们也可以说服孩子，让他觉得这是一件理所当然的事情；而且，要是做得到的话，我们还可以帮助孩子减轻此种情况所带来的诸多不安情绪。不过，倘若孩子觉得必须由自己来证明的话，那么他自然就会过分强调自己的立场。青春期的表现当中，许多都是孩子渴望表现出独立性、与大人平起平坐、表现出男儿气概或者女性气质等心态的结果。而这些表现所针对的方向，则取决于孩子给"长大"这一点所赋予的意义。假如"长大"意味着摆脱约束，孩子就会反抗一切束缚。许多孩子都是在这一时期开始吸烟、骂人、夜里很晚都不回家的。其中有些孩子还会出人意料地表现出对父母的逆反心理，而父母则一头雾水，不知道这样一个一向听话的孩子怎么会突然变得那么不听话。其实，这并不是一种态度上的变化。表面上听话的孩子，内心始终都是反抗父母的，只是到了此时，到了他已经有了更多自由、力气也更大的时候，孩子才觉得能够公开表达出自己的敌意了。一个经常受到父亲威吓、表面上始终安静顺从的男孩子，只是在等待着一个报复的时机罢了。一旦他觉得自己足够强壮了，孩子就会向父亲发起挑战，跟父亲吵上一架，痛击父亲，然后离开家里。

在大多数情况下，孩子进入青春期后，大人都会给孩子更多的自由与独立的空间。父母一般都不会再认为自己有权时时刻刻去监管和保护孩子了。然而，倘若父母想要继续事事都管的话，孩子就会更加努力地来摆脱父母的约束。父母越想要证明他还是个孩子，他就会反抗得越厉害，来证明情况正好相反。在这种抗争当中，孩子就会形成一种逆反的态度，这就给我们提供了"青春期违拗症"的典型表现。

我们无法给青春期的跨度划定严格的界限。通常来说，青春期都是从十四岁左右开始，一直持续到二十岁左右；但有的时候，一些孩子在十岁或十一岁的时候，就已经进入了青春期。在这一时期，人体的所有器官都在生长、发育，因此，有时候人体各种生理功能并不容易协调起来。孩子们的个子会长高，手脚会长大，他们可能没有小时候那么活跃与灵巧了。他们需要训练这种协调感才行；但是，如果在这一过程中受到了嘲笑或者批评，那么，他们可能就会开始相信自己确实比较笨拙。假如孩子的举动受到别人的嘲笑，他们就会变得笨拙起来。内分泌腺对孩子的发育也起着作用。它们会提高孩子的各种生理官能。这不是一种彻底的改变，就算是在胎儿时期，内分泌腺也很活跃，只是到了此时，腺体的分泌更加旺盛，而孩子的第二性征也更加明显罢了。男孩子开始长胡子，嗓音也开始变得低沉起来。女孩的身体会变丰满，并且变得更具明显的女性特点。这些方面，也是一名青少年可能产生误解的事实。

有的时候，一个孩子由于对成年生活的心理准备不足，因而在职业、社交生活与社会、爱情与婚姻等问题即将到来的时候，会觉得非常惶恐。他会完全失去自己能够应对这些问题的希望。对于社会，他既腼腆拘谨，又沉默寡言，他会把自己孤立起来，待在家里不出去。对于职业，他非但找不到对自己有吸引力的工作，而且确信自己做什么都会失败。至于爱情与婚姻，他与异性相处时会觉得局促不安，因而碰到异性就害怕。要是有人跟他说话，他就会脸红，因为他找不出话来回答。每天他都会在绝望当中越陷越深。最终，他就会彻底接触不到所有的人生问题，因而再也没有一个人能够理解他了。他不会去看别人，不会跟别人说话，也不会听别人说话。他既不会去工作，也不会去学习。他会始终沉浸在自己的幻觉里。他只会保留下一点点儿不光彩的性行为。这就是精神错乱，即精神分裂症。不过，整个精神错乱症，其实就是一种错误。假如可以给这样一个孩子以鼓励，假如可以向他证明，说他走的是一条错误的道路，并且给他指出一条更好的路，那么他就可以治愈。这并不容易做到，因为孩子的整个人生及孩子一生当中受到的训练，都必须得到纠正才行。过去、现在与未来的意义，必须用一种科学的眼光来看待，而不能根据个人的理解来看待。

青春期的所有危险，全都源于孩子没有接受恰当的训练与作好准备来应对人生当中的三大问题。如果孩子害怕未来，那么他们自然就会想方设法，用所需努力最小的方法去应对未来。然而，这些轻松的方式，却都是些无益的方式。这种孩子越是被别人支使、劝诫和批评，他们关于自己正站在一道深渊前面的印象就会越强烈。我们越是往前推他，他就越是会努力向后退缩。

除非我们能够鼓励他，否则的话，为了帮助他而作的一切努力便会是一种错误，便会把孩子伤害得更厉害。在他极其悲观、极其恐惧的时候，我们是无法指望他会觉得自己能够作出额外的努力的。

少数孩子在这个时期会希望继续做一个孩子，他们甚至会用婴儿的方式说话，与比自己小的孩子玩耍，假装他们可以永远都长不大。但绝大多数孩子都会作出某种尝试，让自己的一举一动都像成年人那样。如果孩子并非真的勇敢，他们就会表现得像是在夸张地模仿成年人：他们会模仿男人的举手投足，喜欢爽快花钱，并且开始与异性调情和谈恋爱。在一些更加不利的情况下，一个男孩子倘若看不到自己解决人生问题的出路，却仍然保持着一定的主动性，就会开始走上违法犯罪的道路。特别是，倘若他以前曾经有过不良行径，却没有被人发现，因而认为自己很聪明，足以再次不让别人发现，就更有可能出现这种情况。犯罪是面对人生问题时那些容易做到的逃避方式之一，而在面对经济和生计问题的时候，则尤其如此。因此，在十四岁到二十岁之间，违法犯罪者的数量往往都会大增。在这里，我们面对的也并非是一种新的情况，而只是由于压力更大，使得那些在儿童时期就早已存在的缺点暴露出来罢了。

倘若孩子的主动性较低，那么简单的逃避方法，就是患上神经官能症。也正是在十四岁至二十岁这个年龄段里，许多孩子开始患上官能性疾病与神经紊乱症。每一种神经官能症状，都能为自己不愿解决人生问题，同时还不降低个人的优越感提供正当的理由。当一个人面临着自己还没有准备好用一种社会化的方式来解决社会问题时，就会出现各种神经官能性症状。这种问题，会让一个人变得极其焦虑。在青春期里，一个人的生理状况对这种焦虑心理尤其敏感，因而所有器官都有可能受到刺激，而整个神经系统也会受到影响。这种生理器官受到的刺激，可能又被用来当作掩饰犹豫不前和不成功的借口。处在这种情形当中的一个人，此时便会因为遭受了这种痛苦而开始在内心以及他人面前都认为，自己不用再去负任何责任。于是，神经官能症便形成了。每一个神经官能症患者，都会声称自己具有最善良的意愿。这种人都很确信，一个人必须具有社会感，必须去解决人生当中的各种问题。只是在他自己这种情况下，这种普遍的要求却有了例外。让他有了借口的，就是神经官能症本身。他的整个态度都在这样说："我渴望去解决所有的问题，可惜的是，疾病却不让我去解决。"在这方面，神经官能症患者有别于犯罪分子，后者通常都会公开承认自己具有恶意，而他们的社会感也被掩饰起来，并且受到了抑制。我们很难断定，哪种人对人类幸福的危害更大：动机如此善良、行为却远离了这些善良动机的神经官能症患者，看似心怀恶意、自高自大，并且故意要阻拦同伴之间的协作；而犯罪分子对社会的敌意要明显得多，并且会不遗余力地抑制自己内心残存的那一点儿社会感。

在青春期里出问题的绝大多数人，都属于儿时娇生惯养的孩子。而我们也不难看出，成年后各种义务的出现，对于那些已经习惯了一切都由父母代为操劳的孩子来说，是一种特殊的压力。

他们仍然希望受到溺爱，可随着年龄越长越大，他们却发现，自己不再是别人关注的焦点了。他们会埋怨生活欺骗了他们，没有达到他们的要求；他们是在一种人为的温馨氛围里长大的，因而外界的空气让他们觉得寒冷刺骨。在这一时期，我们会看到许多表面上不进反退的现象。那些原本被人们寄予了厚望的孩子，学习和功课上开始退步；而那些以前似乎不那么有天赋的孩子，则开始赶上前者，并且表现出了种种令人意想不到的能力。这种现象，与孩子以前的情况并不矛盾。或许是因为一个前途远大的孩子此时开始担心，害怕自己达不到以前背负的那些期望。只要有人帮助并加以重视，这种孩子便可以继续前进；而到了要他们独立作出努力的时候，他们便会丧失勇气并且退缩起来。其他孩子呢，却会因为刚刚获得的那种自由而受到激励。他们会看到，通往实现其抱负的那条道路就清清楚楚地摆在他们的面前。他们的心中，会充满了新的想法与新的计划。他们那种富有创造力的人生得到了强化，而他们对于人类发展进程各个方面的兴趣，也会变得越来越清晰而热切。这些人，就是那些保持着勇气的孩子；对他们而言，独立并非意味着他们会遇到困难、会有失败的风险，而是意味着他们有了作出成就与贡献的更多机遇。

那些以前觉得自己受到了轻视与疏忽的孩子，到了与同龄孩子产生更广泛的交往之时，或许就会产生出一种希望，认为自己可能会受到他人的重视了。其中的许多人，全都沉醉在这种对赏识的渴望当中。对于一个男孩子来说，倘若只是寻求表扬，就会非常危险。不过，由于女孩子通常都不那么自信，因此她们会从别人的赏识当中看到证明其自身价值的唯一之道。这样的女孩子，很容易成为一些懂得如何取悦她们的男子的寻猎对象。我以前经常发现，一些觉得自己在家里不受重视的女孩子开始与人发生性性关系，而她们这样做，不只是为了证明她们已经长大，而是因为她们希望通过这种方式，最终能够达到她们受人赏识、成为关注焦点的这种有利地位。

我不妨举个例子。有一位十五岁的姑娘，出身非常贫寒。她有一个哥哥，小的时候，她的哥哥经常生病。母亲不得不在儿子身上倾注了大量的精力，因此女儿出生之后，母亲也没法多去照料她。此外，她年幼的时候，父亲也生过病，而父亲的病则进一步剥夺了母亲能够花在这个姑娘身上的时间。

如此一来，这个姑娘就能够注意到并且明白受人照料是怎么回事了。因此，她始终都渴望自己也能获得这种优待，可在家里她却得不到这种照料。后来，她的妹妹出生了。此时，她的父亲已经康复，母亲就可以全心全意地去照料小女儿了。结果，我们所说的这个姑娘就觉得，只有她一个人既没人爱，也没人喜欢。她不断地抗争着，她在家里表现很乖，在学校里也是最优秀的学生。由于她学业优异，因此家人提出，说她应当继续学习。于是，她被送进了一所高中，可学校里的老师对她的情况却并不了解。起初，她搞不懂新学校的种种教学方法。她的成绩开始下滑，老师批评了她，所以她便变得垂头丧气起来。她太渴望马上受到重视了。倘若在家里和在学校都没人重视，那她还剩下什么呢？

她开始到处寻找，想找一个重视她的男人。有过几次体验之后，她便离校而去，与一名男子同居了十四天。家人都非常为她感到担忧，想要找到她。可我们完全预计得到，结果会怎样。不久之后，她便会发现自己依然没人重视，因而开始后悔这件事情了。接下来，她想到了自杀，因此这个姑娘给家里写了一封信，说："请不要担心。我已经服了毒药。我非常快乐。"实际上，她并没有服毒，而我们也明白其中的原因。她的父母其实对她非常好，因此她觉得，自己可以获得父母的同情。结果，她没有自杀，而是等着母亲过来找到她，并将她带回了家里。假如这位姑娘懂得我们所了解的知识，即她的所有行为都是为了追求重视的话，这些问题就不会出现了。假如高中的那位老师理解的话，这一点本来也会防止这些问题出现的。以前，这个女孩的成绩一直都很优异，假如老师明白这个女孩子对这一点很敏感，并且需要稍微谨慎一点儿来对待的话，她的处境就不会让她那么灰心丧气了。

在另一个例子当中，有位女孩出生在一个父母性格都很软弱的家庭当中。母亲始终都想要生男孩，因此女儿出生之后很是失望。她瞧不起女性，而这一点，她的女儿一定也感受得到。女儿不止一次听到母亲跟父亲这样说："女儿一点儿也不好看。长大后没人会喜欢她的。"或者说："她长大后，我们该拿她怎么办呢？"在这种有害的家庭气氛中长到十岁之后，她发现了母亲一位朋友的来信，那人在信中一方面安慰母亲生了个女儿，一方面又说，由于母亲还年轻，因此可以再生个儿子。

我们想象得到，这个女孩当时会有什么样的感受。几个月后，她到乡下去看望自己的一位叔叔。在那里，她遇到了一个智力低下的乡下男孩，并且成了他的情人。后来男孩离开了她，可她却仍然朝着这个方向走了下去。我见到她的时候，她已经交往过一大批的情人了。可在所有的交往当中，她都从来没有觉得自己受到过对方的真正赏识。她之所以来找我，是因为当时她正在深受焦虑性神经官能症之苦，自己一个人根本无法外出了。一直以来，倘若对于一种获得重视的方法不满意，她便会去尝试另一种。她开始用自己的痛苦与遭遇，来让家人担忧了。没有经过她的同意，任何人什么事情都不能去干。她哭泣，威胁说要自杀，并且在家里横行霸道。让这个女孩看清自己的处境，并且让她确信，她在青春期过分强调了找到一种方法来摆脱自己不受重视的那种感觉的必要性，可不是一件容易的事情。

在青春期，女孩子和男孩子一样，经常都会过分重视和强调性关系。他们希望以此来证明自己已经长大成人，因而会在这方面做得太过分。比如说，倘若一个女孩子正在跟母亲作对，并且始终认为自己受到了母亲的压制，那么她就会经常与碰到的任何男人发生性关系，以此来表示反抗。母亲知不知道，她并不在意。事实上，假如能够因此而让母亲担心，她还会十分开心呢。因此，我经常发现这样的女孩子，她们与母亲吵了一架，或许还跟父亲也吵了一架之后，便会跑到街上，与碰到的第一个男人发生性关系。这些女孩子，往往都是以前大家公认的好姑娘，知书达理，人们怎么也想不到她们会作出这样的事情来。我们可以理解，这些女孩子其实没有什么过错。她们只是受到了错误的调教；她们只是觉得身在低人一等的处境当中；她们只是觉得，唯有这样，自己才能获得一种较为强势的地位。

许多一直娇生惯养的女孩子都会发现，她们很难适应自己的女性角色。在我们的文化当中，人们始终都有这样一种印象，那就是男性优于女性。因此，这些女孩子一想到自己身为女性，就会很不高兴。于是，她们就会表现出我所称的那种"男性钦羡"现象。"男性钦羡"现象，可以在多种不同的行为当中自行表现出来。有的时候，我们只看到女性有讨厌并躲避男性的心理。有的时候，虽说她们非常喜欢男性，但与男性相处时却会感到不自在，没法与男性交谈，不想参加有男性在场的聚会，并且在面对性问题的时候通常都会觉得局促不安。她们常常都会坚称，说自己渴望着再大一点就结婚成家，可实际上却不会去接近异性，不会与异性交朋友。有的时候，我们还会发现，这种对女性身份的厌恶心理，在青春期会表现得更加活跃。一些女孩子在青春期的举止，会比以前更像男孩子。她们会希望去模仿男孩子的举止，并且发现模仿男孩子的一些恶习更为容易，比如抽烟、喝酒、骂人、加入帮派，以及表现自己的性开放观念。

她们通常会解释说，假如不那样做的话，男孩子就不会对她们有兴趣。倘若对女性身份的厌恶心理进一步发展，我们就会看到同性恋、其他性变态以及性交易等行为的出现。所有娼妓从小时候起就坚信，没有人喜欢她们。她们认为自己生来就低人一等，认为她们永远都不可能获得任何一个男人真正的喜欢与关注。我们可以理解，在这种情况之下，她们为何会倾向于自暴自弃，为何会轻视自己的性别角色，为何会认为性只是一种赚钱的手段。此种厌恶女性身份的心理，并不是产生于青春期。我们往往都会发现，这种女孩子从小的时候起，就不喜欢身为女孩子，只是在小的时候，她们没有表达此种厌恶的相同需求或者机会罢了。

并非只有女孩子才会产生"男性钦羡"心理并深受其苦，相反，凡是过分强调身为男子很重要的孩子，都会将男性气质视为一种理想，并且对于自己是否强大得足以获得此种阳刚之气没有把握。这样一来，我们文化当中强调男性气质的这种风气对男孩子来说，可能就会像对女孩子一样不利。如果他们对自身的性别角色不是完全肯定的话，则尤其会如此。许多孩子长到很大后还在半信半疑，觉得他们的性别可能会在某个时候改变。因此，从两岁起，孩子就应当极其肯定地了解自己究竟是男是女，这一点就非常重要了。外表长得很像姑娘的男孩子，通常都会经历一段特别难受的时间。有时陌生人会搞错他的性别，连家中的亲友也会这样对他说："你其实应当是个姑娘。"这种孩子，很可能会把自己的外表当成某种缺陷的标志，并且觉得爱情与婚姻这个问题对他来说是一种太过残酷的考验。那些不太确定自己能否在性别角色中表现优异的男孩子进入青春期之后，往往会喜欢模仿女孩子，变得柔弱娇气，并且染上那些娇生惯养的女孩子的种种恶习，卖弄风情、装模作样，并且养成一种相应的性格气质。

即便是在形成对待异性的态度这个方面，其准备阶段也起源于孩子四五岁的时候。刚出生后的几周里，婴儿就会表现出明显的性冲动来。不过，在这种性冲动能够被恰当地表达出来之前，我们不该去做任何能够刺激到它的事情。假如没有受到刺激，这种性冲动的出现就是自然的，无须引起我们的警觉。比如说，看到一名婴儿刚刚一岁的时候就出现了局部的性冲动迹象，我们不该感到担忧。不过，我们应当利用自己的影响力来与孩子进行协作，使孩子少关注一点儿自身，而更多地去关注周围的环境。倘若我们无法阻止孩子在自我满足方面的这些尝试，那就是另一种情况了。那样的话，我们就可以肯定地说，孩子具有自己的意图：这种情况下的孩子，并不是性冲动的受害者，而是在利用性冲动来达到自己的目的。通常来说，小孩子的目标都是为了获得他人的关注。他们会感受到父母的担忧与害怕，他们也知道如何去利用父母的感受。假如他们的习惯对吸引关注这一目的不再有用，他们就会摒弃这些习惯了。

我已经说过，孩子们不应当受到生理上的刺激。父母通常都对自己的孩子充满爱怜之意，而孩子们对父母也都是深情款款。为了让孩子更加喜爱他们，父母经常都会拥抱和亲吻孩子。其实，他们也知道这样做是不对的。他们不该如此残忍。他们不该去刺激孩子的情感。而在心理上，孩子也不应当受到刺激。孩子们经常对我说，而一些成年人在回忆自己的童年时也告诉过我，说他们在父亲的书房里发现某幅轻浮的图片，或者是看了某部电影后，激发出了一些什么样的感受。不看到这样的图书，不看这样的电影，对他们来说会更好。假如我们不去刺激孩子，孩子就不会出现任何问题。

我已经提到过的另一种刺激形式，就是不断地给孩子灌输一些非常不必要的、非常不恰当的性知识。许多成年人似乎都极其热衷于传授性知识，并且非常担心那个对性一无所知的人长大之后会碰到种种危险。假如回顾一下自己的过去和别人的成长经历，我们应该是看不到这些人预料的这种灾难的。最好是等到孩子自己开始好奇，想要了解某些知识的时候再去传授。假如父母细心的话，即便是孩子不说出来，他们也会理解孩子的好奇心的。如果孩子觉得父母是他的朋友，那么孩子就会主动提问，而父母则应当用一种孩子能够理解并且吸收所授知识的方式，来回答孩子的问题。

父母应当避免在孩子面前表达出彼此的感情，这也是一种好的做法。如果条件允许，孩子就不应当与父母睡在同一个房间里，更别说与父母同睡一床了。孩子不应当与姐妹或者兄弟同睡一个房间，这种做法也不可取。父母必须关注孩子的发育情况，而不应当两眼摸黑。如果不了解孩子的性格与追求，父母就绝不会了解孩子正在哪些方面、正以一种什么方式受到影响。

有一种几乎可以说是普遍存在的迷信观念，认为青春期是一个非常独特而古怪的时期。通常来说，我们会给人类的各个发育期赋予一种突出的个人意味，并且认为它们好像都是一种彻底的转变似的。例如，绝大多数人对更年期的态度就是如此。然而，这些阶段其实并不是一种改变，它们只是生命的一种延续，而其中的各种现象，也都没有什么至关重要的意义。重要的是，一个人在这样一个阶段里期待的是什么，他赋予这一阶段的意义是什么，以及他习得的、应对这一阶段的是一种什么样的方式。人们经常对青春期的出现大感吃惊，就像见了鬼似的。假如正确地理解了那种情况，我们就会看出，孩子们根本不会受到青春期里的各种事实的影响，除非社会环境要求他们对人生态度作出新的调整。然而，孩子们经常却会以为，青春期就是穷途末路，他们所有的价值与意义都会失去。他们不再有任何权利来协作和作出贡献，没有人再需要他们。青春期的所有问题，正是从这样的一些感受当中产生出来的。

假如孩子已经习惯于把自己当成社会当中平等的一员，并且理解了自己的奉献使命，尤其是倘若孩子已经习惯于把异性看成自己的朋友，那么，青春期就只会给孩子带来一个机会，使得孩子可以具有创造性且独立自主地解决成年之后的人生问题。假如孩子的感受比其他人低一个层次，假如孩子因为不当看待自己所处环境而受到困扰，那么进入青春期之后，孩子就会表现得并未充分作好获得自由的准备。假如一直有人强迫孩子去做必须做的事情，那么孩子自然是做得到的。可假若放手让孩子自己来决定，那么孩子就会变得胆怯起来，成不了事。这样的孩子很适合受人驱使，而一旦获得自由，孩子就会茫然失措。

第九章　犯罪与预防

　　通过个体心理学，我们逐渐开始理解人类有着各种类型了。可终究来说，人类彼此之间的差异，却并不是那么显著。我们发现，犯罪分子身上呈现出了与问题儿童、神经官能症患者、精神病患者、自杀者、酗酒者以及性变态者同样的问题。这些人，都没能解决人生当中的种种问题，而且，一个非常明确而显著的方面就是，他们失败的方式都是一模一样的。其中的每一个人，都缺乏社会兴趣。他们并不关注自己的同类。然而，即便是在这一点上，我们也没法将他们区分开来，没法认为好像他们与其他人完全对立起来了似的。没有人可以称得上是具有完美协作性或者拥有完美社会感的典范。因而，犯罪分子的问题，只是在程度上比普通的问题更加严重罢了。

　　还有一点，也是理解罪犯所必不可少的，不过在这一点上，罪犯与我们其他人是一样的。我们都希望克服各种困难。我们都在努力，通过获得让自己觉得强大、优越与完美的东西，以便将来实现某种目标。杜威教授[1]非常恰当地将这种倾向称为"安全

---

　　[1] 杜威教授（Professor Dewey，1859—1952），美国哲学家、教育家、实用主义的集大成者，著有《哲学之改造》《民主与教育》等作品。

追求"。其他人则称之为"自我保护追求"。但是，无论称之为什么，我们在人类当中始终都会看到此种了不起的活动路线，即努力从一种较差的境地上升到一种较优越的处境，努力从失败走向胜利，努力从下层爬升到上层。这种活动，从我们小时候起就开始了，并且会持续进行到我们生命终结的那一天。人生在世，意味着在这个星球的表面存活下去，意味着超越所有的障碍、克服所有的困难。因此，我们在罪犯身上看到了这种完全相同的倾向后，就不应当感到惊讶了。罪犯在所有的行为和态度当中都表明，他正在努力变得出众，正在努力解决问题，正在努力克服困难。让罪犯与众不同的，并不是他们正在用这种方式进行努力的事实，而是罪犯努力的方向。一旦我们看出罪犯是因为没有理解社会生活的要求、因为没有关注同类才朝着这种方向努力，那么我们就会发现，罪犯的行为是完全可以理解的。

我之所以想特别强调这一点，是因为还有许多人不这么认为。他们把罪犯当成人类当中的异类，认为罪犯根本就不像普通的人。比如说，有些科学家认为，罪犯都是愚蠢低能的人。其他一些人极其强调遗传性，他们认为，罪犯生来就是罪犯，会情不自禁地去犯罪。还有一些人则认为，犯罪是环境中固有的一种东西，无法改变，犯过一次罪，就始终是罪犯！如今，有很多的证据可以用来驳斥这些观点了。而我们还应当认识到，假如接受这些观点，那我们就失去了解决犯罪问题的希望。在如今这个时代，我们都希望消除人类当中的这种祸害。从整个历史中我们得知，犯罪问题一直都是人类的一种祸害，但如今我们都渴望有所行动，并且永远都不能满足于把这个问题搁置起来，只是说："这全怪遗传，我们无能为力。"

无论是环境因素还是遗传因素，都不会必然导致一个人去犯罪。同一个家庭出生、成长环境一样的孩子，可能会用不同的方式成长。有的时候，历史清白的家庭中也会出现罪犯。有的时候，在那些名声不好、经常有家人蹲监狱或进感化院的家庭中，我们却会看到品行良好、规规矩矩的孩子。也有一些罪犯在后来的生活中弃恶从善了。而研究犯罪现象的心理学家也经常感到困惑，为什么一个入室行窃的小偷到了三十岁之后，却会金盆洗手、安定下来，变成一个好公民。假如犯罪是一种先天的缺陷，假如犯罪是不可改变地根植于环境当中，那么这一事实就是完全无法理解的了。然而，从我们自身的角度来看，这一事实却是很好理解的。或许是因为小偷后来的处境较为有利了，这种环境对小偷的要求较少，因而其人生态度当中的错误便不再暴露出来了。或许是因为小偷已经得到了自己想要的东西。最后，或许是因为小偷的年纪渐长、身材渐胖，不再适合去干违法犯罪的勾当了。比如说，小偷的关节已经硬化，爬起来不那么利索了，也就是说他难以再去入室行窃。

在继续阐述之前，我希望人们消除那种认为罪犯都是疯子的观念。的确有些犯罪的人是精神病患者，但疯子所犯的罪行，却完全属于一种不同的类型。我们无法让疯子对其所犯罪行负责，因为疯子所犯的罪行，是完全不理解这些罪行，以及用一种错误的方式来对待这些罪行所导致的结果。同样，我们也必须消除那种认为罪犯都愚蠢低能的观念，因为愚蠢低能的罪犯实际上不过都是他人利用的一种工具罢了。真正的罪犯，是那些预谋犯罪的人。他们描绘出了一幅幅灿烂的前景，他们激发出了那些愚蠢低能者的幻想或者野心，然后，他们自己躲在幕后，让这些受害者去实施犯罪行为，并且去承担接受法律惩处的风险。当然，年轻人被年纪较大、经验较丰富的罪犯利用时，情况也是如此。

老练的罪犯制定出犯罪计划，孩子们则受到蒙骗，去实施犯罪行为。

现在，我们不妨回到我已经提过的那种伟大的活动路线上，回到每个罪犯及每个普通人都在追求获得胜利、达到某种最终位置时所遵循的路线上来。这些目标千差万别，种类繁多，而我们也发现，一名罪犯的目标，始终都是用一种隐蔽而个人化的方式来获得优越感。罪犯所追求的，是不为他人作出任何贡献。罪犯不具有协作精神。可社会却对其中的每个成员都有要求，而我们对彼此也都有要求，需要一种共同的有益性，需要具有一种协作能力。罪犯的目标当中，并不包括这种对社会的有益性，而这一点，实际上正是每种犯罪中非常重要的一个方面。过后我们就会看出，这是怎么一回事。此时我希望澄清，假如想要理解一名罪犯的话，我们必须看到的要点，就是罪犯协作性方面问题的严重程度与性质。罪犯在协作能力方面，也是各不相同的，其中有些罪犯缺乏协作性的程度，并没有其他罪犯那么严重。比如说，有些人只会犯一些微小的罪行，并且不会突破这种限制，其他人则更喜欢犯下重案。有些人是主犯，其他人则是从犯。为了理解各种各样的犯罪职业，我们必须进一步去审视一个人的人生态度。

一个人典型的人生态度，是在很小的时候确立下来的，在四五岁这个年纪，我们就已经能够从中看出其主要特征了。因此，我们不能认为改变人生态度是一件容易的事情。它是一个人自身的人格，只有理解了形成此种人格过程中所犯的错误，才能加以改变。因此，我们可以开始明白，许多罪犯虽说已经受到多次惩处，虽说蒙上羞耻、受人蔑视且被剥夺了我们的社会生活能够给予的所有好处，为什么仍然会不思悔改，一遍又一遍地犯下同样的罪行。驱使他们去犯罪的，并不是经济上的困难。诚然，在时局艰难、人们负担更多的时候，犯罪率也会上升。统计数据表明，有的时候，犯罪率竟然会跟着小麦价格的上涨而上升。然而，这并非标志着经济形势会导致犯罪。这种现象，更多地标志着许多人的行为都受到了限制。他们的协作性是有限度的，因此达到此种限度之后，他们就没法再作出贡献。他们会失去最后一丝协作性，只能依靠犯罪了。从其他一些事实当中，我们也发现，虽说许多处境不错的人并非罪犯，但倘若出现了一个他们没有作好心理准备的问题，最终他们也有可能去犯罪。因此，重要的就是人生态度，即面对问题时所采取的应对方法。

在体会到了个体心理学的方方面面之后，我们终于能够阐述清楚一个非常简单的问题了。一名罪犯，对其他人都不感兴趣。他只能进行一定程度的协作。这种程度的协作性消耗殆尽之后，他便会转而去犯罪。倘若一个问题太难，令他无法解决，此种协作便会消耗殆尽。想一想我们全都不得不去面对的那些人生问题，想一想一名罪犯无法成功解决的那些问题，是很有意思的一件事情。最终将会表明，在我们的人生当中，除了社会问题，其实并无问题，而这些社会问题，只有当我们关注他人的时候，才能加以解决。

个体心理学已经教会我们将人生问题分成三大类。首先，我们不妨来考虑一下人际关系的问题，即友谊方面的问题。罪犯可能有的时候也有朋友，但只会与那些同属一丘之貉的人交朋友。他们可能会形成帮派，甚至会对彼此表现出忠诚来。可在这个方面，我们马上就可以看出，他们是如何缩小自己的活动范围的。他们无法与整个社会上、无法与普通的人交朋友。他们把自己看成一个被社会流放了的群体，不知道如何才能与同胞轻松相处。

第二种问题，包括所有与职业相关的问题。许多的罪犯被人问到他们存在的问题时，都会回答说："你不知道工作时的情况有多么可怕。"他们觉得工作很可怕，他们往往不像其他人那样，没有想过要去与这些困难作斗争。从事一种有益的职业，就意味着关注他人，并且为他人的幸福作出贡献，可罪犯人格当中缺乏的，正是这个方面。这种协作精神的欠缺，在很小的时候就会表现出来，因而绝大多数罪犯都没有作好应对职业问题的充分准备。绝大部分罪犯都是没有受过培训、没有技能的劳动者。假如回顾一下他们的经历，大家就会发现，上学的时候，甚至是学前时期，他们就有障碍，就有兴趣欠缺的问题。他们从来都没有学会与人协作。注意，协作性必须进行教育和加以训练，而这些罪犯却没有习得协作性。因此，假如他们无力应对面前的职业问题，我们并不能将责任归咎给他们。我们看待此种情况时，必须用一种差不多就像对一个从未学过地理知识的人进行地理测验时所用的方式。这种人要么会给出错误的答案，要么就是根本回答不上来。

第三种问题，包括爱情方面的所有问题。一种良好而有益的爱情生活，需要双方对彼此付出同等的关注，需要双方之间的协作。被送去改造的罪犯当中，入监时半数都患有性病，这一点很有启发意义。这一点往往表明，他们都想要用一种轻松的方式摆脱爱情的问题。他们将爱情方面的伴侣完全看成一种财产，而且我们经常会发现，他们认为钱可以买到爱情。对于这种人来说，性生活就是一个征服与获取的问题。他们应当从中获得某种东西，而不是生活当中的一种伴侣关系。"假如没有得到我想要的一切，"许多罪犯都会这样说，"那么人生还有什么意义呢？"

现在我们就可以看出，在矫正罪犯的时候，我们该从哪儿入手了。我们必须对他们进行训练，使之具有协作性。假如只把他们关在感化院里，是不会有多少作用的。释放他们，会给社会带来危险，在目前这种情况下，这个问题是没法讨论的。社会必须不受罪犯威胁，但绝不是仅此而已。我们还必须这样来想一想："他们没有作好融入社会生活的准备，我们该怎么去应对他们呢？"在人生的所有问题当中都缺乏协作性，这可不是一种小小的缺陷。一天当中的任何时候，我们都需要进行协作，而我们与他人进行协作的能力，也会在我们观察、说话与聆听的方式当中表现出来。假如我的观察正确的话，那么可以说，罪犯在观察、说话与聆听等方面的方式都与别人不同。他们说的是一种不同的语言，而我们也可以理解，他们智力的成长受到了此种差异的阻碍。我们说话的时候，目的是让每个人都理解我们表达的意思。理解本身就是一种社会性的因素。我们给话语赋予了一种共同的意义，而我们也会与其他人一样地去理解这些话语。可对于罪犯来说，情况却不是这样的，他们都有一种个人化的逻辑，一种属于个人的理解力。在他们解释自己为何犯罪的过程中，我们就能看出这一点来。他们并不愚蠢，也不低能。在大多数情况下，假如我们承认他们那种虚构的个人优势目标，那么他们的推断都会非常正确。一名罪犯会说："我看到一个人有一条非常漂亮的裤子，可我没有，于是我只能杀了他。"此时，假如承认他的欲求全都极其重要，并且不需要他用一种有益的方式去谋生的话，那么他的结论就是一种非常聪明的推断，不过这并非常识。最近，匈牙利审理了一桩案子。一群女性用投毒的方式，犯下了多桩谋杀罪行。其中一人被送进监狱的时候，曾经这样说："我的儿子病了，又游手好闲，所以我只好把他毒死。"假如不愿进行协作，她还能怎样做呢？她很聪明，只是她看待事物的方式与我们不同，具有一种与我们不一样的统觉体系罢了。这样，我们就能理解，看到诱人的东西并且想要不劳而获地拥有这些东西之后，罪犯为什么会得出自己的结论，认为他们必须从这个充满敌意、根本无人关注他们的世界中夺取这些东西了。他们都是深陷在一种错误的世界观中，对自身的重要性及他人的重要性形成了一种不正确的判断。

但是，在考虑他们缺乏协作性的过程当中，这还不是最值得我们注意的一点。所有的罪犯，其实都是懦弱胆小的人。他们都是在回避那些他们觉得自己不够强大、难以解决的问题。除了所犯的罪行，从他们面对人生的方式当中，我们也能看出他们的懦弱来。当然，在他们所犯的罪行当中，我们也能看出他们的懦弱。他们利用黑暗与离群来保护自己；他们会对受害者发动突然袭击，在受害者猝不及防的情况下掏出武器来。罪犯们都自以为勇敢得很，可我们却不该受到同样的蒙骗。犯罪是一个懦夫对英勇行为的模仿。他们追求的是一种虚幻的个人优势目标，他们喜欢把自己当成英雄人物，但这一点又是一种错误的统觉体系，是缺乏常识的表现。我们很清楚，他们都是懦弱的人，而倘若他们确信我们都明白这一点的话，他们会大感震惊。认为自己胜过了警察，会让他们的虚荣心与自负感产生膨胀，并且他们常常会这样想："我绝不可能被人发现。"可惜的是，我却认为，倘若仔细地对每一名罪犯的犯罪生涯进行一番调查，就会发现他们犯下的罪行很少没有被人发现。而这一事实，也令他们觉得非常恼火。被人发现之后，他们往往会这样想："这一次我干得不够巧妙，但下一次我就会骗过他们。"倘若的确在犯下罪行之后全身而退，他们就会觉得，他们实现了自己的目标，他们会获得优越感，还会受到同道中人的钦佩与赏识。

我们必须打破罪犯对于勇敢与聪明的这种普遍看法才是。

不过，我们该在什么时候去打破呢？我们可以在家里、学校和感化院里做到这一点。至于最佳的动手时机是在什么时候，我过后再来说明。目前我想进一步阐述一下可能出现缺乏协作性这一问题的环境。有的时候，我们必须将责任归咎于父母。或许是因为孩子的母亲经验不够，无法吸引孩子来与她自己进行协作，比如说她永远都是正确的，没有人能够帮她，或者她本身就无法与别人协作。我们不难看出，在不幸或者破裂的婚姻当中，夫妻双方都没有正确地培养出协作精神来。孩子的第一种联系，就是与母亲之间的联系，而母亲或许并不希望扩展孩子的社会兴趣，不希望孩子去关注父亲、其他孩子或者成年人。再则，孩子可能会觉得自己是家里的老大，等他长到三四岁的时候，另一个孩子出生了，因而第一个孩子就会觉得自己遭到了挫败，觉得自己被从原来的位置赶了下来，于是他会拒绝与母亲协作，也不愿与弟弟或妹妹配合。这些因素我们都必须考虑到；而且倘若回顾一下一名罪犯的经历，大家往往会发现，这名罪犯的问题在小时候的家庭生活中早已出现了。重要的不是环境本身，而是因为孩子误解了自己的处境，而身边又没有人能够为他作出解释。

　　假如某个孩子在家里特别突出，或者特别有天赋，其他孩子的日子往往就会很难过。特别突出或有天赋的孩子，会得到父母最多的关注。因此，其他的孩子便会觉得沮丧失望，并且产生出挫败感来。他们不会与别人协作，是因为他们希望竞争，却又不够自信。我们经常可以看到，一些处在此种情况之下被别人盖过的孩子，成长过程都很不幸福，也没有人向他们指出，如何去利用他们自身的才能。这种孩子，日后就有可能变成罪犯、神经官能症患者或自杀者。

　　一个欠缺协作性的孩子上学之后，在开学第一天，我们就能从孩子的行为举止中看出这种缺陷来。这种孩子，没法与其他孩子交朋友。他会不喜欢老师；他会注意力不集中，不听老师讲课。假如老师不理解，处理方式不对的话，这种孩子可能就会遭到一种新的挫折。他会受到训斥与责骂，而不是获得鼓励，也没人来教他协作。难怪这种孩子会发现上课更令人讨厌了呢！倘若他的勇气与自信时时刻刻都在遭到新的指责，那么他就不可能对学校生活产生兴趣了。在一名罪犯的犯罪生涯中，我们通常都会发现，十三岁的时候他还在上四年级，并且经常因为愚笨而受到责备。这样，他日后的整个人生就岌岌可危了。他会日益失去对别人的兴趣，而他的目标，也会日益指向人生当中无益的一面。

　　贫困，也有可能让人错误地去诠释人生。出身贫寒的孩子，可能会遇到来自家庭之外的社会偏见。他的家人会缺乏很多的东西，他们会遭遇许多的苦难。或许，孩子本身还在年纪很小的时候，就得去挣钱来帮助父母养家。日后，他会遇到一些富人，那些富人过着安逸的生活，买得起自己想要的任何东西。于是，孩子会觉得，这些富人并不比他有更大的权利来纵情生活。因此，我们不难理解大城市里为什么会有那么多犯罪的人了，因为大城市里的贫富分化现象极其显著。嫉妒之心，不会催生出任何有益的目标来，而一个身处此种环境之下的孩子，却很容易产生误解，以为获得优势的方法就是不劳而获。

　　自卑感也有可能是围绕着一种生理缺陷而产生出来的。这是我自己的发现之一。而在这一点上，我还有点儿内疚，因为这种发现给神经病学与精神病学领域里的遗传理论铺平了道路。可就算是在一开始，也就是我开始论述生理缺陷及其心理补偿机制的时候，我就认识到了这一危险。其实，该负责任的并非生理机体，而是我们的教育方式。如果我们运用了正确的教育方式，生理上有缺陷的孩子也会像关注自身一样去关注别人的。只有在没人陪伴、没人培养他去关注别人的情况下，一个承受着生理缺陷压力的孩子才会只关注自身。许多人在内分泌方面都患有种种缺陷，但我要说明的是，我们永远都无法一劳永逸地指出某种内分泌腺的正常功能应该是什么。我们身上各种内分泌腺的功能可以多种多样，而不会对人格带来任何危害。因此，这个因素必须排除出去。如果我们想要找出正确的方法，让这些孩子也变成善良的同胞并且具有协作性地去关注他人的话，就尤其如此了。

　　罪犯当中，有很大一部分人都是孤儿。在我看来，无法在这些孤儿之间培养出一种协作精神，简直就是我们文化的一种耻辱。同样，罪犯当中也有很大比例的非婚生子女。没有人陪伴在他们的身边，没有人能够赢得他们的爱戴，也没有人能够让他们把自己的感情转移到同类身上去。被父母遗弃的孩子，常常会染上违法犯罪的恶习。如果清楚并且觉得没人想要他们，他们就更会如此了。在罪犯当中，我们也经常看到长相丑陋的人，这一事实，已经被人们用来作为说明遗传重要性的证据了。不过，请大家想一想，对于一个长相丑陋的孩子来说，这是一种什么样的感受吧！这种孩子处在一种非常不利的地位。或许他是一个混血儿，可长相却很不好看，或者受到了社会的歧视。假如这样一个孩子长相丑陋的话，那么他的整个人生就会不堪重负了，因为他没有我们全都非常喜欢的那种东西，即没有儿时的可爱与漂亮。不过，倘若用一种正确的方式去对待，这些孩子全都会培养出社会兴趣来。

　　此外，有时我们在犯罪的男孩子与男人当中也会发现长相异常英俊的人。注意到这一点，令我们觉得很有意思。尽管前一种人可以看成不良遗传缺陷的受害者，全然是因为遗传了生理缺陷才那样，比如手部畸形或者唇腭裂，可对于这些长相俊美的罪犯，我们又有什么话可说呢？实际上，这些人也是在一种难以培养出社会兴趣的环境下成长起来的，他们曾经都是被惯坏了的孩子。大家会发现，罪犯分成两种类型。第一种就是那些不知道世间还有同胞之情，并且从未体验过此种情感的人。这种罪犯对他人持有一种敌视的态度，他的外表就会显得很不友好，并且认为每个人都是他的敌人，而且他也从来没能获得过别人的重视。另一种类型，就是那种被惯坏了的孩子。在囚犯们的埋怨当中，我经常注意到，他们都会如此声称："我之所以走上犯罪道路，都怪我的母亲太溺爱我了。"在这一点上，我们应当有更多东西可以阐述，可我在此提及这一点，只是为了强调：尽管情形不一，但所有罪犯都是没有获得训练和教导来形成恰当的协作精神。他们的父母，原本可能都希望把孩子培养成一个好人，只是不知道如何才能做到罢了。假如父母专横武断、态度严厉，他们根本就不可能成功地做到这一点。而倘若他们溺爱孩子，任由孩子处于父母关注的中心位置，那么孩子就会仅仅因为自己存在于世间这一事实，而学会只认为自己要紧，却不会作出任何具有创造性的努力，去赢得同胞的好评了。因此，这种孩子就会丧失拼搏的能力，他们总是想要别人来关注他们，并且始终都在期待着获取某种东西。假如找不出一种轻松的办法来满足自己的欲望，他们便会将责任归于所处的环境。

现在，我们不妨举几个例子，看我们能不能发现这些方面，但这些例子当中描述的内容，原本并不是出于这一目的而写下的。我要给出的第一个例子，选自谢尔登与埃莉诺·T·格鲁伊克[1]所著《五百罪案》一书中的"辣手约翰"一案。案中的这个小伙子解释了自己走上犯罪道路的根源：

我从来都没有想过，我会任由自己胡来。直到十五六岁的时候，我都与其他孩子差不多。我喜欢田径运动，并且经常参加。我从图书馆里借书来看，按时作息，诸如此类。后来我的父母却让我辍学了，叫我去工作，还把我的工资全部拿走，每周只给我留下五十美分。

在这里，他其实是在指责父母。假如我们问一问，他跟父母的关系如何，假如我们能够看一看他的整个家庭环境，那么我们就能发现他真正经历了些什么。但在目前，我们必须认为这些话语只是证实了他的父母不具有协作性。

我工作了大概一年的时间，然后便跟一个姑娘好上了，她喜欢寻欢作乐。

我们经常在一些罪犯的经历当中看到这一点：他们爱上了一个喜欢花天酒地的姑娘。回忆一下我们在前面提及的内容就知道，这是一道难题，会考验双方的协作程度。他跟一位姑娘好上了，姑娘喜欢花天酒地，可他每周却只有五十美分的零花钱。我们可不该认为这是真正解决爱情问题的好办法。比如说，还有别

---

[1] 谢尔登·格鲁伊克（Sheldon Glueck，1896—1980），美国的波兰裔犯罪学家；埃莉诺·T.格鲁伊克（Eleanor T. Glueck，1898—1972），美国的社会工作者与犯罪学家。二人为夫妻，都是青少年犯罪领域的资深专家。《五百罪案》（500 Criminal Careers）一书出版于1930年。

的姑娘可以交往。他没有走对路子。在这样的情况下，我应该会说："她要是喜欢花天酒地的话，就不是适合我的那种姑娘。"这些方面，就是我们对人生中什么才重要所作出的不同判断。

如今，每个星期五十美分是不可能供一位姑娘去花天酒地的，尤其是在纽约。老头子不肯给我更多的钱。我非常恼火，心里不停地想着：怎样才能搞到更多的钱呢？

常识会告诉我们说："或许你可以四下看看，多挣一点啊。"可他却想赚松快钱。而且，就算他想要跟一位姑娘交往的话，那也只是为了自己享乐，仅此而已。

有一天，我结识了一个家伙。

陌生人的出现，对他又是一种考验。一个具有正常协作能力的男孩子，是不可能受到怂恿的。可这个小伙子，却正是走在一条使得他有可能受到诱惑的道路上。

他是个"可靠的家伙"（也就是说，他是个惯偷，是个聪明而有能耐的家伙，懂规矩，会"和你同甘苦共患难，而不会耍阴谋诡计"）。我们一起在纽约做了许多的案子，从来都没有被逮住过，因而自那以后，我就一直这样了。

我们得知，他的父母有他们自己的家。他的父亲是一家工厂里的工头，整个家庭刚刚能够做到收支相抵。这个小伙子，是家里三个孩子中的一个，直到他出现不法行径之前，并没有听说过他有哪位家人曾经作奸犯科过。我很好奇，想听听一个持遗传观点的科学家会如何来解释这种情形。这个小伙子承认，他第一次和异性上床还是在十五岁的时候。我敢肯定，有些人会说他耽于色欲。不过，这个小伙子对其他人都不关注，只想让自己享乐。任何人都有可能让自己耽于色欲，因为这样做根本就不难。其实，他是想在这方面寻求他人的重视，想要在性方面做一个英雄人物。十六岁那年，他与一名同伙因为入室盗窃而被捕了。接下来，就是其他一些值得我们注意的地方，它们都证实了我们之前的判断。他希望自己成为一个外貌出众的人，想要吸引姑娘们的注意，想通过给钱来赢得姑娘们的欢心。他经常戴一顶宽边礼帽，揣着红色的印花手帕，腰间皮带上则别着一把左轮手枪。他还给自己用上了西部地区一个亡命之徒的名字。他是个爱慕虚荣的小伙子，他希望自己显得像个英雄人物，却没有其他办法来实现。他承认了受到指控的所有罪名，并且"还有更多没有受到指控的罪行"。他在财产权利方面可以说是无所顾忌。

我觉得生活并不值得过下去。对于整个人类，我除了极其蔑视之外，没有别的看法。

所有这些有意识的想法，其实都是下意识的。他并不理解这些东西，他并不知道它们在一致性方面意味着什么。他觉得人生是一种负担，可他并不明白，自己为什么会对人生感到心灰意懒。

我学会了不信任别人。人们常说小偷不会彼此欺瞒，其实却会。我曾经跟一个家伙搭伙作过案，我待他很真诚，可他却耍阴谋诡计。

假如想要多少钱就有多少钱，那么我也会像其他任何人一样诚实。也就是说，假如无须去工作，我的钱就足以让我为所欲为的话，我也会像其他人那样诚实。我从来都不喜欢工作。我讨厌工作，永远也不会去工作。

我们可以将他说的最后一点理解成："应当对我走上犯罪道路负责的，就是压抑感。我被迫压抑自己的种种希望，因此变成了一名罪犯。"这种观点，值得我们深思。

我从来都没有为了犯罪而去犯下某桩罪行。当然，开着汽车前往一个地方，犯下案子，然后全身而退，这一过程中还有着某种"兴奋之情"的。

他认为这就是英雄主义，而没有明白，其实这是一种懦弱之举。

有一次，在被抓之前，我偷了价值一万四千美元的珠宝。可当时我急于去看我的情人，什么都没想，便把珠宝贱价变卖，所得的现金刚够我去看她的费用，后来他们就抓住了我。

这种人会付钱给自己的情人，这样便获得了一种轻而易举的胜利。可他们却觉得，那是一种真正的胜利。

监狱这里设有学校，因此我打算尽可能多地获得全部的教育，但这不是为了改造我自己，而是为了让我变得对社会更加危险。

　　这句话，表达的是一种对人类充满仇恨的态度。可他并不需要人类。他还说：

　　我要是有个儿子的话，就会拧断他的脖子。您觉得，我会不会因为让一个人降生到了这个世界上而感到内疚？

　　这样的话，我们又该如何来改造这样的一个人呢？除了提高他的协作能力，并且向他表明，他对人生的判断哪里出了差错，就别无他法了。只有追溯出他在童年时代所形成的种种错误观念，我们才能令他信服。对于这个案例中的主人公，我并不知道他在童年时期都经历了些什么。上面的描述，并没有集中在我认为重要的那些方面上。他的童年时期一定发生了某些事情，才使他变成了如此敌视人类的一个人。假如一定要猜一猜的话，那我会说，他应该是家里的长子。与长子长女通常的情况一样，起初他也受到了家人的无比溺爱。后来，由于另一个孩子降生，因此他觉得自己失宠了。假如我猜得正确的话，那么大家就会看出，一些微小到这样的事情，都有可能阻碍到协作性的培养。

　　约翰接着说，他曾经上过一所工业学校，但在学校里却受到了老师的粗暴对待。于是，他便带着一种对社会的强烈厌憎感，离开了这所学校。关于这一点，我必须说上几句。从心理学家的角度来看，监狱里所有的严厉处置，都是一种挑战。它是对一个人力量的考验。同样，如果罪犯们不停地听到“我们必须制止这种犯罪率激增的势头”的说法，他们就会把这当成一种挑战。他们想要当英雄，也很乐意承担起这样一种压力。他们把这当成一种游戏；他们觉得整个社会都在挑衅他们，因而会更加顽强地继续对抗。如果一个人认为自己是在与整个世界抗争，那么，还有什么会比受到挑衅能给他带来更大的"兴奋之情"呢？在教育问题儿童的过程中，向他们发出这样的挑衅，也是最不正确的做法之一："看谁更强！看谁坚持得最久吧！"这些问题儿童与罪犯一样，都是沉浸在让自己变得强大的想法里，而且他们也清楚，如果足够聪明的话，他们是能够侥幸成功的。在感化院里，管教员们有时会与罪犯较上劲儿。不过，其实这却是一种有害无益的做法。

现在，我不妨让你们看一看一名杀人犯的日记。这名罪犯，因为所犯的罪行而被处以了绞刑。他残忍地杀害了两个人，而在犯下这一罪行之前，他还记下了自己这样做的目的。这会给我提供一个机会，来描述罪犯心中所想的那种计划。没有人能够不经预谋便犯下罪行，而罪犯在谋划之中，往往还会给自己的行为找出一个正当的理由。在记录这种坦白的所有材料当中，我从来都没有发现过一个将罪行描述得非常简单、非常明确的例子，也从来没有发现过一个罪犯不尽力证明自己有理、为自己开脱的例子。在这里，我们便会看出社会感的重要性。即便是罪犯，也必须尽力让自己与社会感保持一致。与此同时，罪犯又必须作好心理准备来扼杀自己的社会感，来突破社会兴趣这道壁垒，然后才能去犯下罪行。因此，在陀思妥耶夫斯基[1]的小说中，拉斯科尔尼科夫这个人物才会在床上躺了两个月，才会一直考虑他是否应该去犯罪。他用这样一种想法激励着自己："我是想当拿破仑

---

[1] 陀思妥耶夫斯基（Dostoyevsky，1821—1881），享有世界声誉的19世纪俄国作家，著有《罪与罚》《白夜》《卡拉马佐夫兄弟》等著名小说。其作品主要描绘生活在社会底层的小人物的悲惨可怜、矛盾、困苦和走投无路，揭示生活在病态社会里人性的堕落、毁灭以及精神的分裂，展示了专制统治与资本主义制度笼罩下的俄国社会的黑暗与污浊。由于长于心理描写，故鲁迅曾称之为"人类灵魂的伟大审问者"。下文中的拉斯科尔尼科夫（Raskolnikov）即是其小说《罪与罚》中的主人公。

呢，还是想当寄生虫？"罪犯都会欺骗自己，都会用这样的想象来刺激自己。实际上，每个罪犯都清楚自己并未站在人生当中有益的一面，并且明白有益的那一面是什么。然而，罪犯却会因为懦弱而排斥这一面，之所以说他们懦弱，是因为罪犯没有让自己变成有益之人的能力：他们面对的问题，都是需要具有协作能力才能加以解决的问题，可罪犯们小的时候却没有习得这种协作能力。在后来的人生当中，罪犯们都希望摆脱自己身上的这种重负，正如我们已经阐明的那样，他们都想要证明自己有正当的理由，都辩称自己情有可原。比如"他有病，并且游手好闲"，以及诸如此类的理由。

下面的内容，就是从日记中摘录下来的：

我被家人抛弃了，成了到处受人厌恶与蔑视的过街老鼠（他患有鼻部疾病），几乎被无穷的痛苦击垮了。再也没有什么东西能够阻止我。我觉得自己再也无法忍受下去了。我可以心甘情愿地接受这种被人抛弃的状况，可我的肚子，我的肚子却不听使唤。

他编造出了一种情有可原的情况。

有人曾经预言说，我可能会死在绞刑架上，可我却这样想："饿死或者绞死，又有什么分别呢？"

在一个案例当中，有个孩子的母亲曾经预言说："我敢肯定，有朝一日你会勒死我的。"这个孩子长到十七岁之后，果真把自己的姑姑勒死了。因此，预言与挑衅起着相同的作用。

　　我并不关心自己的结局。无论是哪种情况，我都必须死去。我什么也不是，没人愿意与我有什么牵连。连我想要厮守的那位姑娘，也躲着我。

　　他想吸引那位姑娘，可他既没有华丽的服装，也没有钱。他把那位姑娘看成了一种财产。这就是他解决爱情与婚姻问题的办法。

　　毫无分别。我要么会获得拯救，要么就会毁灭。

　　尽管我希望有更多的篇幅可以进行解释，但在这里我还是要说，这种人全都喜欢用那种尖锐的矛盾或对立来进行表达。他们全都像小孩子一样，认为一切不是黑，就是白。比如，"要么饿死，要么绞死""要么会获得拯救，要么就会毁灭"。

　　一切都已经计划就绪，只等星期四实施了。受害者已经选定。我在等待时机。时机一旦到来，那就不是每个人都能做到的一件大事了。

　　在他看来，自己就是一个英雄："这事很可怕，不是每个人都干得了。"他掏出刀子，出其不意地杀死了一个人。的确不是每个人都干得了这样的事情！

　　就像牧羊人赶着自己的羊群一样，肚子会赶着一个人去犯下最恶毒的罪行。我可能看不到明天的太阳了，可我并不在乎。

最糟糕的事情，就是为饥饿所折磨。我被一种无法治愈的疾病吞噬了。最后的烦恼即将到来，那就是他们审判我的时候。一个人必须为自己的罪孽付出代价，可这种死法，也要好过饿死。要是饿死的话，就没有人会注意到我。可现在呢，将会有多少人到场啊！或许，还会有人替我难过呢。下定了决心的事情，我就应当去干。没有人像我今天晚上这样害怕过。

　　所以，他根本就不像自己所想的那样是一个英雄！在讯问过程中，他曾交代说："尽管我没有击中要害部位，但我还是犯了谋杀罪。我知道自己命中注定，会被绞死。可那人有这么多的漂亮衣服，我却知道自己永远都不会有那样的衣服。"他不再说自己是因为肚子饿才去杀人了，此时，衣服又变成了一种定见。"我不知道自己当时在干什么。"他曾经如此分辩说。大家往往都会看到这种情况，只是表现方式不一样罢了。有的时候，罪犯会在犯罪之前喝酒，目的就是为了不承担责任。这一切全都证明，他们内心必定挣扎得非常激烈，然后才突破了社会兴趣这道壁垒。我相信，在对一名罪犯的经历进行的每一种记录当中，我都能指出上述所提的每一点来。

　　现在，我们就真正面临着这样一个问题了：我们该怎么办呢？假如我说得对，在犯罪经历当中，我们总能看出一个缺乏社会兴趣且没有习得协作能力的人那种努力获得一种虚幻的个人优势的追求，我们又该怎么办呢？对于罪犯，就像对神经官能症患者一样，除非能够成功地赢得他们的协作，否则我们就完全无能为力。我再怎么有力地强调这一点也不为过：假如我们能够赢得罪犯对人类幸福的关注，假如我们能够赢得罪犯对他人的关注，假如我们能够培养罪犯的协作能力，假如我们能够让罪犯走上通过协作的方式来解决人生问题的道路，那么就万事大吉了。如果做不到这一点，那我们就会无能为力。这一任务，可不像表面上那么简单。让罪犯的各个方面都变得轻松起来，与让罪犯的处境变得更加艰难一样，我们都是得不到罪犯的协作的。指出罪犯做得不对并且与之展开争论，我们也是得不到罪犯的协作的。罪犯已经下定了决心。多年来，罪犯一直都是用这种方式来看待整个世界。要想改造罪犯，我们必须找到罪犯形成自身那种人生态度的根源。我们必须找出，这些人的第一次失败出现在何处，找出导致他们失败的那种环境。到了四五岁的时候，罪犯人格当中的主要特征就已确定下来。因此，到了那时，他们已经在评判自己与整个世界的过程中犯下了错误，就是我们看到的、罪犯在犯罪生涯中表现出来的那些错误，而我们必须理解与纠正的，也正是这些原始的错误。我们必须找出罪犯人生态度的第一个发展阶段。

后来，罪犯又会将自身经历过的一切全都变成他拥有那样一种人生态度的正当理由。倘若自己的经历并不是非常适合他的统觉体系，罪犯就会念念不忘，就会对这些经历加以塑造，最终使得它们更适合自己的统觉体系。如果一个人持有这样一种态度："别人都对我不好，还羞辱我。"那么他就会发现诸多的证据，来证实自己的这种看法。他会一心去寻找这样的证据，却不会注意到那些相反的证据。罪犯都只关注自身，只关注自己的看法。他们都有自己的观察和聆听方式。而我们经常可以看到，罪犯不会去注意那些与他们对人生的诠释不符的东西。因此，除非能够理解罪犯对人生的所有诠释，除非理解罪犯习得自身观点的全部过程，并且找出罪犯最初形成其人生态度的方式，否则我们就无法让罪犯信服。

　　这也是肉体惩罚之所以不起作用的原因之一。罪犯会把肉体惩罚看成一种证据，来证明社会不友好，证明他不可能与社会进行协作。罪犯在上学期间，或许也经历过同样的事情呢。由于没有习得协作能力，因此他的功课会学得很差，或者他还会在课堂上捣乱。他会受到老师的训斥或者惩罚。那么，这样做会不会鼓励他培养出协作能力呢？他只会觉得自己的处境更加无望罢了。这种人会觉得大家都在和他作对。倘若明知到了某个地方后会受到训斥和惩罚，那么，我们当中又有谁会对这种地方培养出一种喜爱之情呢？这样的孩子，会丧失最后剩下的那一点儿自信心。他会对功课不感兴趣，对老师不感兴趣，并且对同班同学也没有兴趣。他会开始逃学，躲到那些不会被人发现的地方去。在这些地方，他会发现其他一些有着相同的经历、走上了相同道路的孩子。这些孩子都很理解他，也不会去训斥他。相反，这些孩子还会奉承他，会影响他的抱负，并且给他带来在人生无益的一面留下印记的希望。自然，由于并不关注人生的社会需求，因此他会把这些孩子当成朋友，而把整个社会当成自己的敌人。这些人都喜欢他，而待在这些人当中，他也觉得更舒服。成千上万的孩子，正是这样加入犯罪团伙的。倘若在日后的人生当中，我们仍然用同样的方式对待他们的话，他们发现的就只会是新的证据，来证明我们都是他们的敌人，只有罪犯才是他们的朋友了。

　　这样的孩子为什么会被人生的种种考验所打败，其实是完全没有道理的。我们绝不能让孩子失去希望。倘若把我们的学校组织起来，使这些孩子在学校里可以获得信心和勇气的话，我们是可以轻而易举地防止这种情况出现的。在后文中，我们将会更加全面地来阐述这一建议，目前我们只是用这个例子来说明，一名罪犯为何会一贯只把惩罚理解成是社会与之作对的一种标志。

　　肉体惩罚之所以无效，还有其他的原因。许多罪犯都不是很喜欢自己的生活状况。其中有一些人，在人生当中的某些时候，距自杀这一步其实很近了。肉体惩罚吓不倒他们。他们可能会完全沉迷于胜过警方的那种渴望当中，因此肉体惩罚甚至都不会让他们觉得疼痛。这就是他们针对自己认为属于一种挑战的情况而进行的整体回应当中的一部分。假如护理人员态度粗暴，或者严厉地对待他们，那么实际上就是在激起他们的反抗。这样做，便会再次增强他们觉得自己比警方聪明的那种感觉。正如我们已经看到的那样，他们对所有事情的理解，用的都是这种方式。他们认为，自己与社会之间的联系，就是一种他们想方设法要取胜的持久战。假如我们自己也采取同样的办法，那就只会被他们玩弄于股掌之间。即便是电椅，也有可能成为这个意义上的一种挑战。罪犯会觉得自己就像是在赌博，处罚越重，他渴望表现得比别人聪明的心态就越强烈。许多罪犯都只会这样去看待自己的罪行，这一点是很容易证明的。一个已经被处以电刑的罪犯，却常常还会花时间去想，自己本该如何做才不被逮住："要是我没有把眼镜落下就好了！"

　　我们的唯一办法，就是找出阻碍罪犯在童年时期培养出协作能力的原因来。在这一方面，个体心理学已经为我们敞开了这个阴暗的领域。我们可以看得更加清晰了。到了五岁的时候，一个孩子的心智就已经成为一个整体，构成其人格的千丝万缕，已经缠结到了一起。遗传因素与环境会对孩子的成长产生一定的影响，不过我们并不是特别关注孩子生来带有些什么样的遗传因素，也不太关心孩子出生后的经历，而是更关注孩子如何去利用这些遗传因素和经历、如何去将它们转化成自己的判断，以及利用它们达到了什么样的目的。而更加必要的是，我们应当理解这一点，因为对于遗传性的能力与缺陷，我们实际上还是一无所知。我们需要考虑的，只是此种处境下孩子具有什么样的发展潜力，以及孩子充分利用这些发展潜力的程度。

所有罪犯情有可原的地方，就在于他们都具有一定程度的协作能力，可他们的协作性却无法满足我们社会化生活的需要。而在这一点上，责任首先就应当归咎于罪犯的母亲。母亲必须懂得如何去扩大此种兴趣的凝聚力，懂得如何把孩子对母亲的关注加以扩展，最终使孩子去关注他人。母亲的做法，应当让孩子能够对整个人类以及孩子自身未来的整个人生产生兴趣。不过，母亲或许并不希望孩子对其他任何一个人感兴趣。或许，母亲在自己的婚姻当中并不幸福。比如，父母双方的意见不统一，他们正在考虑离婚，或者彼此之间心怀猜忌。因此，母亲或许希望自己一个人独占孩子，溺爱孩子、娇惯孩子，不允许孩子摆脱对她的依赖。在此种情况下，孩子协作能力的培养将会极其有限，这一点就是显而易见的了。

关注其他孩子，对社会兴趣的培养也是非常重要的。有的时候，倘若母亲偏爱某一个孩子，那么其他孩子往往就不会很愿意把这个孩子接纳进他们的友谊与兴趣范围之内。这种情况倘若被孩子误解了，就有可能成为孩子走上犯罪道路的起点。如果家中有个男孩子天赋禀异，那么这个孩子的哥哥或者弟弟往往就会变成问题儿童。比方说，倘若次子更出色、更可爱，那么他的哥哥就会觉得自己失去了父母的喜爱。这样的孩子很容易欺骗自己，让自己沉溺在受到了忽视的那种感觉中而不能自拔。他会寻找证据，来证明他的这种怨责是事实。他的行为会变得每况愈下，因而会受到家长越来越严厉的对待。于是，他会找到一种证据，证明他认为自己遭到了挫败、坐上了冷板凳的想法是对的。由于他觉得是别人夺走了父母的宠爱，所以他便开始偷东西；被人发现之后，他便会受到惩罚。可这样一来，他便有了更多的证据，证明自己没人爱，证明其他人都是他的敌人。

　　父母倘若在孩子面前抱怨时运不济和条件不好，可能就会给孩子社会兴趣的培养带来阻碍。倘若父母经常在孩子面前指责家里的亲戚、邻居，总是指摘别人，并且总是表露出不满和偏见的话，也有可能出现同样的结果。这样的话，孩子在成长过程中对同胞形成一种扭曲的看法，也就不足为怪了。倘若他们最终与自己的父母反目成仇，我们也不会感到惊讶。社会兴趣的培养受阻，只会给人留下一种以自我为中心的态度。孩子会这样想："我为什么要为别人去做事呢？"而且，由于用此种心态无法解决人生当中的各种问题，所以孩子必定会犹豫不决、寻找借口、寻找逃避这些问题的简单办法。这种孩子会发现，奋斗太过艰难；在伤害了别人的时候，这种孩子也不会在意。这是一场战争，而在战争当中，任何事情都是符合规则的！

　　我不妨给大家举几个例子，从这些例子当中，大家就可以看出犯罪形态的发展过程来。有这样一个家庭，其中的次子是一名问题儿童。而据我们的观察，他的身体非常健康，也没有什么遗传性的缺陷。家里的长子最受宠爱，而弟弟则始终都想要在学习成绩方面赶上哥哥，就像是在赛跑当中想要尽力打败跑在自己前面的人那样。他的社会兴趣并未培养起来，因为他极其依赖自己的母亲，想要独占母亲能够给予的一切。力求胜过自己的哥哥，这可是一项极其艰巨的任务。因为哥哥在学校里是班上成绩最好的学生，而他自己呢，却总是在班上垫底儿。他想要掌控和左右别人的那种欲望，其实表露得一览无遗。他以前常常在家里对一

名年老的女佣发号施令，让她在房间里行军，让她像个士兵一样
操练。那名女佣很喜欢他，因此甚至在他到了二十岁之后，还任
由他扮将军玩耍。凡是必须去做的事情，总是让他烦恼不安、压
力重重，而与此同时，他却从来都没有干成过什么事情。手头拮
据的时候，他总是能从母亲那里拿到钱，尽管这种做法让他受尽
了指责与批评。后来，他突如其来地结了婚，从而使得各方面的
困难都大为增加了。然而，他在意的，不过就是要抢在哥哥之前
结婚成家罢了，而且他还把这当成一种了不起的胜利。这一点就
是证据，说明他对自己的评价其实低得很，使得他竟然想在如此
荒唐的事情上成为胜利者。实际上，他根本就没有作好结婚成家
的心理准备，因此他和妻子吵吵闹闹就成了家常便饭。等到母亲
无法再像从前那样在经济上对他进行资助之后，他便开始订购钢
琴，然后在没有付钱的情况下再把钢琴卖掉。这就是他入狱的原
因。从这段经历当中我们能够看出，使他走上犯罪道路的根源，
就在于他的童年时代。他是在哥哥的影子之下长大的，就像一棵
被大树挡住了阳光的小树。相比于他那位品性敦厚的哥哥，他便
逐渐形成了自己被家人轻视与忽略的印象。

　　我要举的另一个例子，说的是一个年龄为十二岁、很有抱负
并且被父母娇惯坏了的小姑娘的故事。她有一个妹妹，她非常嫉
妒这个妹妹，因此在家里也好，在学校里也罢，她争强好胜的性
格都表现得非常明显。她总是想方设法地找出一些例子，来说明
妹妹比她更受父母偏爱、得到的糖果或者零花钱更多。有一天，
她从同学的口袋里偷钱，却被发现了，并且受到了惩罚。幸好，
我能够向她说明整个情况，让她摆脱了自己竞争不过妹妹的那种
看法。与此同时，我也把情况向她的家长作了解释，他们则想方
设法，努力防止出现这种姐妹相争的现象，并且避免让这个小女

孩产生妹妹更受父母偏爱的印象。这还是二十年前的事情了。如今，那个小姑娘已经长成为一位非常可敬的女性，结了婚，有了自己的孩子，而且自那以后，她在人生当中再也没有犯下过什么严重的错误了。

我们已经考虑过那些尤其会危及孩子成长的情况，但在这里，我还想简单地来回忆一下这些情况。我们必须强调这些情况，因为假如个体心理学的研究结果是正确的，那么就只有认识到这些情况对罪犯世界观造成的影响，我们才能真正促进罪犯的协作性行为。具有特殊问题的三大类儿童是：第一，有生理缺陷的儿童；第二，被惯坏了的孩子；第三，受到了忽视的儿童。具有生理缺陷的儿童，会觉得自己天生就丧失了某些与生俱来的权利，因此，除非在关注别人这方面进行特殊的训练，否则的话，他们念念不忘的往往就只有自己。他们会寻找各种机会来左右他人。我曾经看到过一个例子，其中有这样一个小伙子，仅仅是由于一位姑娘拒绝了他的求爱，让他觉得丢脸，他便说服了一个年纪较小、较笨的小伙子去杀掉她。被惯坏了的孩子会一直依赖宠爱他们的父母，他们无法将自己的兴趣扩展到世界上的其他人身上去。没有哪个孩子是全然受到了忽视的，否则孩子根本就无法熬过婴儿期最初的那几个月。但在孤儿、非婚生子、弃儿、长相丑陋的孩子和残疾儿童当中，我们还是会发现一些孩子，可以称之为受到了忽视的孩子。我们也不难理解，在罪犯当中，我们会看到其中两种主要的类型，即"丑而受到了忽视"的孩子与"俊而受到了娇惯"的孩子。

我曾经试图在一些与我本人保持着联系的罪犯当中，以及我在图书和报纸上看到过的罪案材料当中，找出犯罪人格的构成来。我始终都发现，个体心理学领域里的关键之处，能够给我们带来对环境的一种理解力。我还是从一本由安东·冯·费尔巴哈所著的德国老书中，再多引用几个例子吧。不妨顺便说一句，我在老书当中可经常会发现一些犯罪心理学方面的最佳著述。

（1）康拉德·K一案，他在一名仆人的协助之下，谋杀了自己的父亲。父亲忽视了这个儿子，对这个儿子非常严厉，并且对所有的家人都很粗暴。有一次，儿子进行了还击，父亲便把他告到了法庭上。法官说道："你有这样一个恶毒而又好吵架的父亲，我可看不到有什么出路。"你们会注意到，法官本人实际上给这个小伙子提供了一个理由。这家人试过许多办法，想要解决这些问题，却徒劳无用。他们面对的是一个难题，因而全都觉得非常绝望。父亲把一个名声很不好的女人带回家来跟他一起住，把儿子赶出了家门。后来，儿子结识了一个很喜欢抠掉母鸡眼睛的临时工。这位临时工建议他把自己的父亲干掉。由于母亲的缘故，他犹豫了很久，到了后来，情况却变得越来越糟糕了。经过了长时间的深思熟虑之后，儿子便同意了临时工的建议，并在这名临时工的协助下杀死了父亲。在这里我们看得出，这位儿子无法将自身的社会兴趣扩展到别人身上，连扩展到自己父亲的身上也做不到。他仍然一心系在母亲身上，并且极其敬重母亲。在彻底突破自己内心残余的那道社会兴趣壁垒之前，他还需要有人来给他提出情有可原的理由。只有获得了那名临时工的支持，连同那名临时工所热衷的残忍心态之后，他才能让自己沉溺到犯罪的深渊中去。

（2）被称为"著名毒药女杀手"的玛格丽特·茨旺齐格一案。她本是在慈善机构里长大的一名孤儿，个了矮小、外表丑陋，正如个体心理学家所认为的那样，她因此而受到了刺激，变得爱慕虚荣、渴望获得关注。她的举止彬彬有礼，几近奴颜婢膝。有过多次让她濒于绝望、浪漫而奇异的经历之后，她曾经想要毒死三名女性，希望以此来将她们的丈夫据为己有。她觉得自己的一切都被人夺走了，并且想不出其他任何办法来"夺回属于自己的东西"。她曾经假装怀孕并且试图自杀，以此来确保这些男人不离开她。在她的自传当中（许多罪犯都喜欢写自传），有一些无意识地证明了个体心理学观点、可她自己却无法理解的内容。她这样写道："不管什么时候干了坏事，我都会想，没有人会为我感到难过的，那么，我又为什么要去担心自己会让别人难过呢？"

从这几句话当中，我们就看得出她是如何一步步地走向犯罪、如何怂恿自己继续下去，以及如何找出情有可原的借口来的。在我提出要与别人协作并且关注别人的时候，经常听到这样的说法："可别人根本就不关注我！"而我的回答，则始终都是："总得有人带头啊。如果别人不协作，那就不是您的事情了。我的建议是，您应当带头行动，而不该去在意别人会不会协作。"

（3）N. L.一案。N. L.是家里的长子，是在很差的条件下长大的，还跛了一足，而且对他的弟弟来说，他完全取代了父亲的角色。我们看得出，他与弟弟的这种关系，也是一种优势目标，而到目前为止，这种目标很可能都在发挥着有益的作用。然而，这或许也是一种自负，代表着一种炫耀的欲望。后来，他把母亲赶出了家门，让她去乞讨，还说："滚吧，你这个畜生。"我们可能会替这个小伙子感到难过，因为他连自己的母亲都不关心。假如打小就认识他，那么我们就可以看出，他是如何一步一步地走上犯罪道路的。有很长一段时间，他失了业。他没有钱。他染上了性病。有一天，在找工作无果后回家的路上，他杀死了自己的弟弟。而他这样做，仅仅是为了攫取弟弟那点儿微薄的收入。在这里，我们便看出了他在协作性方面的极限了：没有工作，没有钱，还染上了性病。世间始终都存在着这些极限，超过了这些极限，一个人便会觉得无法再生存下去了。

（4）一个很小就成了孤儿，然后被养母收养，并且被养母娇惯得令人难以置信的一个小孩的例子。从这方面来看，他就是一个被惯坏了的孩子。后来，他变得很没有教养。虽说精于做生意，但总是想给每一个人都留下深刻的印象，并且总想要占上风。他的养母非但怂恿他这样做，还爱上了他。他变成了一个满口谎话的人和一个骗子，不计手段地捞钱。他的养父养母属于小贵族阶层，因此，他便摆出一副贵族的架势，不但将养父养母的钱挥霍一空，还把他们赶出了家门。不良的培养方式与溺爱，已经惯坏了他，使得他无法再去诚信行事了。他在看待自己的人生使命时，就仿佛自己必须通过撒谎和欺骗才能获得胜利似的。这就使得每个人都变成了他必须战胜的敌人。养母偏爱他，甚于爱自己的亲生子女和丈夫。这种待遇给了他一种感觉，那就是他有权获得任何东西。不过，他觉得自己无法通过正常的手段来获得成功这一事实，却暴露出他对自己的评价很低。

我们已经指出，任何孩子都没有理由来遭受此种沮丧失望之苦，以及认为协作无用的这种深刻的自卑感。在人生的诸多问题面前，没有人需要去打败。罪犯已经选择了错误的手段，我们必须向他指出，他是在哪里选择了这些手段，又是为什么选择它们，并且我们还必须让罪犯培养出关注他人、与他人协作的勇气。假如大家都充分认识到了犯罪是一种懦弱而非勇敢的行为，那我相信，罪犯就没有了最大一种自我辩解的理由，而孩子们也全都不会选择把自己培养成未来的罪犯了。在所有的罪案当中，不管有没有正确地描述出罪案的情况，我们都能看到童年时代形成的一种错误的人生态度所带来的影响，因为这种人生态度表明，孩子缺乏与他人协作的能力。我想说，这种协作能力必须得到培养才行。这种能力，完全不具有遗传性。人类具有协作的潜力，而我们也必须把这种潜力看成生而拥有的。不过，这是每一个人都具有的共同潜力，而要想开发出来，这种潜力就必须进行训练与练习才行。在我看来，其他各种关于犯罪的观点都是多余的，除非我们能够培养出一些习得了协作性，却仍然变成了罪犯的人。我可从来都没有碰到过这样的人，也从来没有听说谁碰到过这样的人。正确的犯罪预防措施，就是让人习得适当的协作性。如果没有认识到这一点，我们就没法指望能够避免出现犯罪这种不幸现象。我们可以像传授地理知识一样，向孩子传授协作性。因为协作是一种真理，而真理往往都是能够传授的。假如一个孩子或者一位成年人要参加地理考试，却没有作好应试的准备，那么他就通不过考试。假如一个孩子或者一位成年人要在一种需要了解协作性的情况下接受考验，却没有作好准备的话，那么他也会失败。我们的所有问题，都需要我们去了解协作性。

我们对犯罪问题进行的科学研究，已经接近尾声了，而到了此时，我们必须鼓足勇气，来面对真相。经历了数千年的发展之后，人类依然没有找出解决这一问题的正确办法来。曾经使用过的种种手段，似乎都毫无用处，因而这种不幸如今依然与我们如影随形。我们的研究已经给出了原因，那就是：人们从来都没有采取正确的措施，来改变罪犯的人生态度和防止罪犯形成错误的人生态度。没有做到这一点的话，任何措施都是不可能真正有效的。

大家不妨再来回忆一下我们得出的结论。我们已经发现，罪犯并非人类当中的异类，罪犯与其他人没有太多的不同之处，而其行为也是一种可以理解的人类行为。这是一个极其重要的结论，假如我们理解犯罪本身并非一种孤立现象，而是一种人生态度的表征，假如我们能够看出此种态度是如何产生的，那么，摆在我们面前的就不是一个无法解决的问题，而我们也能够带着信心开始努力，相信我们能够作出改变了。我们发现，罪犯长久以来已经习得了种种不具协作性的想法与行为，而缺乏协作性的根源，则可以追溯到罪犯的童年时代，追溯到罪犯只有四五岁的时候。在那段时间里，罪犯培养自身对别人的关注过程出现了某种障碍。我们已经阐述过，这种障碍跟罪犯与其母亲、父亲、兄弟姐妹之间的关系有关，与他周围存在的社会偏见有关，与他所处环境当中的问题以及其他诸如此类的因素有关。我们已经发现，在所有罪行最严重的罪犯和所有类型的失败者当中，最大的共同点就是此种缺乏协作能力、不关注他人、不关注人类幸福的现象。因此，我们要想有所成就，就必须训练和传授这种协作能力。我们没有别的办法来获得某种成就，一切全都取决于协作能力这一个因素。

罪犯有一个方面与其他的失败者不同。在他以前持续地练习不去与别人协作的过程中，罪犯与其他失败者一样，也丧失了在普通的人生使命中获得成功的希望。然而，罪犯却依然保持了某种能动性，并把这种残余的能动性投入到了人生当中无益的一面。在这无益的一面，罪犯表现得很主动，而从某种程度上来说，罪犯也能够与那些他认为与自己相似和属于同类的人进行协作，即与其他的罪犯进行协作。在这个方面，罪犯有别于精神病患者、自杀者或者酗酒者。然而，罪犯的活动范围却非常有限，有的时候除了犯罪，可能什么都干不了，而且他们的活动领域甚至不是整个犯罪领域，而是一而再，再而三地犯下同一种罪行。罪犯行为领域的大小就是如此，他们都被约束和限制在这种狭窄的领域里。我们可以看出，在此种情况下罪犯欠缺勇气达到了什么样的程度。而罪犯注定会缺乏勇气，因为勇气只是协作能力的一个组成部分。

罪犯自始至终都在为自己的犯罪生涯作思想和情感上的准备：他们白天计划，晚上做梦，试图毁掉自己身上残余的最后一丝社会兴趣。罪犯总是在寻找借口和理由，寻找情有可原的地方，以及"迫使"他们变成罪犯的原因。突破社会感这道壁垒并不容易，因为它会给我们带来巨大的阻力。不过，要想犯下某桩罪行，罪犯就必须找出一种办法，要么是通过细思自己的种种恶行，要么就是通过沉迷其中，来消除这种阻力。这一点，有助于我们理解，罪犯是如何持续不断地对自己的处境进行诠释，从而让自己的态度更加坚定的。这一点，也有助于我们理解，与罪犯争辩为何会毫无用处。罪犯是用自己的眼光来看待世界，并且作好了终其一生来与人争辩的准备。除非我们能够找出罪犯的态度是如何形成的，否则的话，我们就不可能指望着去改变这种态度。然而，我们还拥有一种罪犯无法匹敌的优势，那就是我们对他人的关注。这种关注，可以让我们找出帮助罪犯的真正办法来。

罪犯陷入困境，没有勇气用一种具有协作性的方式来面对困境，并且想要找出一种简单的解决办法时，就会开始策划和准备犯罪。比如说，当罪犯面对需要去挣钱的问题时，就特别有可能出现此种情况。跟每一个人一样，罪犯寻求的，也是一种获得安全与优势的目标。罪犯也希望解决问题、克服障碍。然而，罪犯的追求却超出了社会准则之外，因为他们的目标是获得一种虚幻的个人优势，所以罪犯会通过把自己想象成胜过了警察、我们的法律以及社会体系的英雄人物，想方设法地去实现自己的目标。这是罪犯与自己进行的一种比赛，即违法犯罪而不被别人发现，狡猾巧妙而没人能够把他逮住。比方说，罪犯可能会认为，用一瓶毒药把别人毒死，是他个人一种了不起的胜利，并且一直这样欺骗自己，让自己陶醉其中。罪犯第一次被判有罪之前，通常都已经成功过几次，因而在被人逮住之后，罪犯唯一想到的就是："要是更聪明一点儿的话，我就逃脱了。"

从这些方面，我们就可以看出罪犯的自卑情结来。罪犯是在逃避人人都需劳动这种前提条件，是在逃避那些必须与他人协作才能完成的人生使命。罪犯觉得自己无法获得正常的成功。罪犯培养出来的那种不协作态度，则真正增加了他所面临的难题，因为大部分罪犯都是没有技能的劳动者。于是，罪犯便会通过形成一种没有多大意义的优越情结，来掩饰自己的无能感。罪犯自以为无比勇敢，无比出众，但是，倘若一个人是人生这条战线上的逃兵，我们还能称之为英雄吗？罪犯实际上是活在梦中，他们不了解现实情况，反而必须与了解现实作斗争，否则的话，他们就不得不放弃自己的犯罪职业了。因此，我们发现，罪犯心里想的都是这种东西："我是世界上最强大的人，因为我可以枪杀每一个人。"或者说："我比其他人都要聪明，因为我能够在犯了罪之后不被人发现。"

我们也已经确定了犯罪形态的根源，即罪犯是如何从儿时思想压力太大的那些孩子当中发展而来的，或者是如何从那些受到溺爱与娇惯的孩子当中发展而来的。具有生理缺陷的孩子需要得到特殊的照料，才能引导他们去关注别人，否则他们就只会关注自身，无法以正确的方式成长起来。那些受到了忽视的孩子、弃儿、没人重视的孩子或者招人讨厌的孩子，处境都很类似。他们从未体验过与他人协作的滋味，他们从不知道通过与他人协作，自己也可以招人喜欢、赢得喜爱并且解决问题。被惯坏了的孩子，没有学会通过自身的努力来获得东西，他们以为仅凭自己想要某种东西这一点就足够了，以为全世界的人都会忙不迭地去满足他们的要求。因此，倘若没有得到自己想要的一切，他们就会觉得受到了不公平的对待，就会拒绝与别人协作了。在每一名罪犯身上，我们应该都能看出这样的一种经历。他们并未在协作性方面得到训练，还没有能力来与他人展开协作。不管什么时候，只要碰到问题，他们都不知道如何去解决。这样一来，我们就完全明白自己必须如何行动了。我们必须训练他们的协作能力。

我们已经认识到这一点，并且到了此时，我们也已具有了充足的经验。我确信，个体心理学给我们指出了改造每一个罪犯的正确方法。不过，想象一下，要是把每一名罪犯都带来进行治疗，从而改变他们的人生态度的话，工作量会有多么巨大啊。可惜的是，在我们的文化当中，倘若面临的困难超过了一定限度，绝大多数人就会耗尽自己的协作能力。正因为这样，我们才发现，在时局艰难的时候，犯罪率往往也会上升。我认为，如果确信这种方式能够消除犯罪现象的话，那么我们就得治疗人类当中的很大一部分人才行。而我不敢肯定的则是，把改造每一名罪犯或者每一个可能犯罪的人并使之成为我们的同胞当成一种直接目标，这样做是不是可行。

然而，我们还是有许多的工作可以去做。即便是无法改造每一名罪犯，我们也可以行动起来，为那些不够坚强、无法应对人生问题的人减轻负担。比如说，在失业、缺乏职业训练与技能方面，我们应当确保每一个想要工作的人都能找到一份工作。这样做，将是降低我们社会生活的要求，从而使大部分人不会丧失最后残余的那一丝协作能力的唯一办法。如果做到了这一点，那么毫无疑问，犯罪率就会下降。在当前这个时代，减轻我们经济状况上这种重负的时机有没有成熟，我不得而知，但无论如何，我们都应当为这种变革作出努力才行。我们还应当训练孩子为未来的职业作好更加充分的准备，从而使之能够更好地面对人生，并且具有发挥其主动性的更大空间。我们也可以在监狱里进行这样的训练。如今，从某种程度上来看，人们已经在这个方向上采取了一些措施，或许我们在这个方面需要做的，不过就是更加努力罢了。虽说我觉得不可能对每一名罪犯进行个体治疗，但通过群体治疗，我们也可以发挥出很大的作用。例如，我会提出建议，说我们应当完全像我们在这里一直思考的那样，组织大量罪犯就一些社会问题进行讨论。我们应当向这些罪犯提出问题，并且让他们来回答；我们应当启发他们的心灵，把他们从他们一生都在做的那个梦里唤醒；我们应当让他们不再沉醉在个人对整个世界的诠释，以及对自身潜力的过低评价当中；我们应当教导他们不要作茧自缚，并且降低他们对自身必定会碰到的各种处境与社会问题的畏惧感。我完全相信，通过这种群体治疗，我们是可以获得巨大成就的。

我们在社会生活当中，还应当避免一切有可能对罪犯或者穷苦百姓构成刺激的东西。倘若存在巨大的贫富悬殊，就会激怒那些境遇不好的人，他们就会受到太大的刺激。因此，我们应当减少铺张炫富的现象，也没有必要总是大张旗鼓地来宣扬某个人拥有成百上千万的资产。在治疗成绩落后的孩子与问题儿童的过程当中，我们已经了解到，跟他们较劲儿是完全没有好处的。这是因为，他们觉得自己是在与所处环境进行着一场战争，因此他们会一直坚持自己的态度。对于罪犯来说，情况也是如此。在世界各地我们都能看到，警员、法官，甚至我们制定的那些法律，都在刺激着罪犯，并且会激得他们更加胆大妄为。我们绝不应当对他们进行威胁恐吓。倘若我们更加沉默一点，不去提及罪犯的名字，或者不去如此大张旗鼓地对外宣传他们的话，情况可能就会好得多。这种态度，也需要加以改变。我们不应当认为，仅凭严厉或者仅凭温和就能改造好一名罪犯。只有更加充分地理解到自身的处境，罪犯才有可能得到改造。当然，我们也应当怀有一颗仁慈之心，我们不应当认为，一想到极刑，罪犯们就会吓得浑身发抖。正如我们已经看到的那样，有的时候，极刑只会让这种"比赛"变得更加刺激。因此，即便是处以电刑，罪犯们也只会想到那些导致自己被抓的失误呢。

倘若我们更加努力一点，找出那些对犯罪现象负有责任的人来，是会很有好处的。据我所知，至少有40%的罪犯逍遥法外，并且这种比例或许还会更高，而这一事实，往往都是让一名罪犯心存侥幸的原因。几乎每一名罪犯，都有过犯了罪却没有被人发现的经历。我们已经改善了其中的一些地方，并且正在朝着正确的方向前进。无论是关在监狱里还是释放之后，罪犯都不应当受到歧视或者刁难，这一点也很重要。要是选对了人的话，那么增加缓刑假释官的数量，就会很有好处，而且缓刑假释官本身也应当明白社会问题及协作能力的重要性才行。

通过这些办法，我们可以获得巨大的成就。然而，我们仍然无法让犯罪率下降到理想的程度。幸好，我们还有另外一种办法，一种非常实用、非常成功的办法。假如我们能够训练自己的子女，使之培养出程度恰当的协作能力，假如我们能够培养出孩子的社会兴趣，犯罪率就会大幅下降，而其效果也会在不远的将来显现出来。如此一来，这些孩子将来就不可能受到别人的怂恿或者唆使了。无论在人生当中遇到什么样的麻烦或者困难，他们都不会彻底毁掉自己对别人的关注；他们的协作能力和圆满解决人生问题的能力，会比我们这一代人强得多。绝大部分罪犯，在很小的时候就已经走上了犯罪道路。他们通常都是在青春期便开始作奸犯科，而年纪在十五岁至二十八岁之间的人员犯罪，则可能最为常见。因此，我们的成功很快就能看到。不仅如此，我很确信，如果孩子们接受了正确的教育，那么，协作能力与社会兴趣还会影响这些孩子的整个家庭生活。独立、进取心强、乐观、发育良好的孩子，既是父母的帮手，也是父母的一大慰藉。协作精神将会立即散布到全世界，而人类社会的整体氛围，也会提升到一种更高的层次上。我们对孩子施加影响的同时，也是在影响着孩子的父母与老师。

还剩下唯一的一个问题，那就是我们如何去选择最佳的治疗时机，以及要找出什么样的方法来培养孩子，才能让他们能够承受日后人生当中的使命与问题。或许，我们是不是可以对所有的家长进行培训呢？可这样做不行，这种建议不会给我们带来多少希望。我们很难接触到孩子们的父母，而那些最需要培训的父母，也正是那些我们从来都见不到的家长。既然接触不到父母，那么我们就必须另辟蹊径才行。或许，我们是不是可以把所有的孩子都抓起来关住，然后时时刻刻地考察与细心保护他们呢？这种提议，似乎也好不了多少。然而，我们还是有一个办法，并且是一个可行的、有可能真正解决问题的办法。我们可以让老师变成一种重要的因素，来促进社会的进步：我们可以培训老师，让他们去纠正家庭教育中所犯的错误，去培养和扩展孩子对于他人的社会兴趣。这完全是学校教育一种自然的发展过程。正是由于家庭无法培养孩子应对日后人生当中所有使命的能力，人类才开设学校，使之成为家庭教育的一种延伸。那么，我们为什么就不能利用学校，来让人类变得更加友善、更加具有协作性和更加关注整个人类的幸福呢？

大家将会看到，我们的行为必须以下述观念为基础。我会非常简单地列举一下这些观念。我们在当前文化中享受到的一切利益，都是由于那些作出过贡献的前人努力带来的。假如一个人不具有协作性、不关注他人、对整个人类也没有任何贡献，那么他的整个人生就是毫无益处的。这种人早已销声匿迹，身后没有留下一丝痕迹。只有那些作出过贡献的人的努力，才留存了下来。他们的精神后继有人，他们的精神亘古长存。假如我们以此为基础来教育孩子的话，孩子们就会培养出一种自然的、乐于协作的爱好。倘若遇到困难，他们不会畏缩，而是会变得非常坚强，足以直面那些最为艰巨的问题，并且能为了人类的共同利益去解决那些问题。

第十章　职业

把人类凝聚起来的那三种关系，确定了人生当中的三大问题，不过其中的任何一个都无法单独加以解决。要想解决其中的某一个，需要成功地解决另外的两个。第一种关系决定了职业问题。我们都生活在这个星球的表面，只有这个星球的资源可用，比如土壤的肥力、矿产资源、气候和天气。为这些条件给我们带来的问题找出正确的解决办法，始终都是人类的使命。可即便是到了如今，我们也不能自以为已经找到了某种适宜的解决办法。人类在每一个时代都得出了某种程度的解决办法，但我们始终都必须努力，才能完善这种办法并取得更大的成就。

我们拥有的、解决这一问题的最佳办法，来自第二个问题的解决之道。将人类凝聚起来的第二种关系，就是他们都属于人类，并且与其他同类一起生活着。一个人的态度与行为，与地球上只有他一个人活着时相比，是截然不同的。我们始终都得与别人打交道，始终都得让自己去适应别人，并且始终都得让自己关注他人。友谊、社会感和协作，就是解决这个问题的最佳办法。这个问题解决了，我们就是朝着解决第一个问题的方向迈出了重要的一步。

正是因为人类学会了协作，我们才有了劳动分工这一伟大的发现。这一发现，就是确保人类幸福的首要因素。倘若每个人都仅凭一己之力，在地球上努力谋生，而不与他人协作，并且没有前人的协作成果，那么整个人类就不可能延续下去。通过劳动分工，我们可以利用许多不同类型的训练成果，组织许多具有不同能力的人，使他们全都为人类的共同利益作出贡献，确保人类摆脱不安全感，并且让所有的社会成员拥有更多的发展机遇。诚然，我们还无法夸口，说我们已经实现了能够做到的一切，而且我们也无法自欺欺人，说劳动分工已经达到了最有成效的发展阶段。但是，解决职业问题的每一种尝试，都必须在人类这种依靠劳动分工、协作努力来使我们工作同时也给别人带来利益的框架之内进行。

有些人试图逃避职业这个问题，试图不劳而获，或者试图让自己独立于人类的共同利益之外。然而，我们始终都会看到，倘若逃避这个问题，他们实际上就是在要求同胞来供养他们。不管是用这种方式还是那种方式，他们都是靠别人的劳动而活着，可他们自己却没有作出任何贡献。这就是那种被惯坏了的孩子的人生态度：只要面临问题，他们就会要求同胞们努力去替他们解决。因此，阻碍人类协作并且不公平地把负担甩给那些积极主动地解决人生问题的人身上的，主要就是这种被惯坏了的孩子。

人类的第三种关系，就是一个人属于男女两性之一，非此即彼。一个人在延续人类生命方面的作用，取决于他接触异性的方式，以及他履行自身性别角色的情况。两性之间的这种关系，也带来了一个问题，而这个问题，倘若脱离了其他两个问题，也是无法解决的。要想成功地解决爱情与婚姻的问题，就必须有一份能够对劳动分工有益的职业，并且与其他人进行良好而友善的联系与交流。正如我们已经看到的那样，在如今这个时代，这一问题最高尚的、与社会需求及劳动分工的要求最相一致的解决办法，就是一夫一妻制。从一个人解决这一问题的方式当中，我们往往能够看出这个人的协作程度来。这三个问题从来都不是孤立存在的，它们彼此相互映衬，解决了一个问题，有助于找出另外两个问题的解决办法来。事实上，我们还可以说，它们是同一种情况、同一个问题的不同方面，即一个人必须在自己所处的环境当中保存性命并且延续生命。

在这里，我们不妨再重申一下：通过母亲这一职业而对人类的生存作出了贡献的女性，在人类劳动分工当中所占的位置，与其他任何人的位置一样高。假如一位母亲关注自己孩子的生活，并且正在为孩子日后成长为同胞而铺平道路，假如她正在扩展孩子们的兴趣并培养孩子们的协作能力，那么她的工作就弥足珍贵，怎么褒扬都不为过。可在我们这种文化当中，母亲的工作却受到了轻视，并且经常被人们看成一种不太有吸引力或者不太可敬的职业。母亲只会间接获得报酬，而一位全职母亲，通常都会处在一种经济上需要依赖他人的境地。然而，家庭的幸福既依赖于母亲的努力，也依赖于父亲的工作，二者同等重要。不论母亲是做家务还是外出工作，她身为母亲所起的作用，都不亚于丈夫的付出。

母亲是影响孩子培养职业兴趣的第一因素。母亲在孩子四五岁前所作的努力与培养，对孩子进入成年生活后主要的活动领域有着决定性的影响。以前，只要被人请去进行职业指导，我总是会询问一个人小时候的情况，以及这个人在小时候对哪些方面感兴趣。一个人对这一时期的记忆，确凿无疑地说明了他最为持续地习得了哪些东西，它们揭示出了这个人的原始状态，以及这个人根本性的统觉体系。至于此种早期记忆的重要性，在后文中我还会提及。

培养的下一阶段，是由学校来进行的。我认为，目前我们的学校更关注孩子未来的职业，更关注训练孩子的手、耳、眼、能力与职责。这种培养，与传授专业课程同样重要。然而，我们不应当忘记，传授课程对于孩子的职业发展也很重要。在日后的人生当中，我们经常会听到人们说，他们忘记了自己在学校学到的拉丁语或者法语，但尽管如此，在学校教授这些课程可能并没有错。在学习这些科目的过程中，通过结合过去的经历，我们已经发现了一个培养心智所有官能的极好机会。有一些现代化的学校，非常关注技术和手工艺。通过这种办法，我们也能增加一个孩子的阅历，并且提升孩子的自信心。

假如从小就了解自己日后想要从事哪种职业，一个孩子的成长就会简单得多。假如去问一问孩子们日后想要干什么，绝大多数孩子都会给出一个回答。他们的回答，自然并未经过清晰的思考，说出自己想当飞行员或者火车司机的时候，他们其实并不清楚自己为什么会选择此种职业。辨认出他们这种选择之下的深层动机，看清他们追求的方法，了解推动他们前进的动力是什么、他们所处的是何种位置、他们的优势目标以及他们觉得自己如何才能实现这一目标，都是我们的使命。他们给出的回答，只向我们表明了一种职业，在他们看来，这种职业似乎代表着优势。但从这一职业当中，我们也能够看出帮助他们去实现自身目标的其他机会。

一个年纪已到十二岁或者十四岁的孩子，对自己将要选择的职业应当已经了解得更加深入了。因此，每当听到一个孩子到了这个年纪仍然不知道自己希望日后从事什么工作的时候，我总是觉得非常遗憾。孩子表面上缺乏抱负，并不意味着孩子完全没有兴趣。这种孩子很可能志向极其远大，却没有足够的勇气说出自己的抱负究竟是什么。在此种情况下，我们必须下功夫，找出孩子主要的兴趣与目标。有些孩子在十六岁高中毕业之后，仍然没有决定好自己将来要从事什么职业。他们通常都是些成绩优异的学生，却不知道日后的人生将怎样继续下去。我们看得出，这种孩子虽说全都雄心万丈，可实际上却不具有协作精神。他们在劳动分工领域内没有摸索出自己的道路，无法及时找出一种实现其抱负的具体方法。因此，在小时候就询问孩子日后想从事什么职业，是一件有益的事情。我经常在学校里提出这个问题，以便引导孩子们考虑这个问题的意义，使之无法忘记这个问题，或者不会去逃避回答。我还会问他们为什么会选择这种职业，因此经常会听到一些非常具有启发意义的详细情况。在一个孩子选择职业的过程中，我们能够看出孩子整个的人生态度来。孩子是在向我们表明他追求的方向，表明他在生活中最重视的是什么。我们必须允许孩子重视自己选择的职业，因为我们本身就无从说出哪种职业更崇高，而哪种职业又较低下。假如孩子的确在履行自己的义务，并且致力于为他人作出贡献，那么孩子在有益性方面就处于等同于其他任何人的水平上。孩子唯一的任务，就是训练好自己，尽量做到自食其力，并且在劳动分工的框架内确定好自己的兴趣。

　　有些人可能会选择任何一种职业，却从来都不会感到满意。他们希望的，不是一种职业，而是确保自己轻而易举地获得优势的一种手段。他们并不希望面对人生当中的种种问题，因为他们觉得，人生给他们带来问题，完全是不公平的。这些人，又是那些被惯坏了、希望别人来养活他们的孩子。或许，大部分人的确都对自己在四五岁时培养自身的那种方向感兴趣，并且无法忘掉这些兴趣；可后来他们觉得自己是出于经济上的考虑或者因为父母的压力而不得不转向另一个方向，去从事一种他们不感兴趣的职业。这是儿时培养又一种非常重要的标志。假如在一个孩子的早期记忆当中看到了一种对可见之物的兴趣，那我们就可以断定，这种孩子更适于从事一种可以利用其两只眼睛的职业。在职业指导中，我们应当非常重视早期记忆才行。假如一个孩子提到了有人跟他说话、听到风声或者鸣钟等印象，那我们就明白，这个孩子属于声音敏感型，并且可以推断出，他可能适合从事某种与音乐相关的职业。在其他人的一些记忆当中，我们还可以看到各种运动的印象。这些人，都属于需要更多活动性的类型，他们或许会对那些需要户外劳动或者旅行的职业感兴趣。

孩子们当中最常见的追求之一，便是试图超越其他的家人，尤其是更进一步，想要超越父亲或者母亲。这可能是一种非常可贵的追求，我们都乐于见到一代胜过一代，并且从某种程度上来说，假如一个孩子希望在自己的职业上超越父亲取得的成就，那么父亲的经验就可以给孩子提供一个非常好的起点。倘若出生于一个父亲是警察的家庭当中，那么孩子的抱负通常都是成为一名律师或者法官。如果父亲是在医生办公室里工作，那么孩子也会希望自己日后当医生。假如父亲是一名教师，那么孩子就会想当一名大学教授。

通过观察孩子，我们经常可以看到，他们正在为成年之后的某种职业而进行训练。例如，有的时候一个孩子希望自己日后当老师，于是我们可以看到，他会把年纪比自己小的孩子聚集拢来，跟他们玩上学的游戏。孩子们玩的游戏，也可以向我们展示出他们的兴趣来。一个希望当妈妈的姑娘会跟洋娃娃玩，从而让自己习得一种对婴儿的更大兴趣。这种训练自己承担母亲角色的兴趣应当得到鼓励，因此我们无须担心，大可以把洋娃娃给小姑娘们去玩。有些人觉得，要是给孩子洋娃娃玩的话，我们就是在分散她们对于现实的关注，可实际上，她们却是在训练自身的认同感和履行母亲一职的义务。从这么小的时候就开始训练，这一点非常重要，因为倘若太迟才开始训练，孩子们的兴趣可能早已固定成型了。许多孩子都表现出，他们对机械和技术有着极大的兴趣，而这一点也预示着，倘若能够愿望成真的话，他们在日后的人生当中就会去从事一种富有成效的职业。

　　还有其他的一些孩子，他们从来都不希望自己处于领先的位置。他们的主要兴趣，就是找到一个可以崇拜的领导，找到他们可以服从的另一个孩子或者是成年人。这可不是一种很有利的成长方式，因此我是很乐于去改变孩子这种唯唯诺诺的倾向的。假如不能让孩子们放弃这种倾向，这种孩子在日后的人生当中就无法走上领导岗位，而是会主动选择担任小官吏。在这种岗位上，他们从事的都属于例行公务，一切工作都是别人为他们规定的。

　　那些面对疾病与死亡问题时没有作好心理准备的孩子，始终都会极为关注这些事情。他们希望自己日后成为医生、护士或者药剂师。我认为，他们的追求应当得到鼓励，因为我一向都发现，关注这些方面且在日后真的当上了医生的孩子，都是在很小的时候就开始训练自己，都非常喜欢自己的职业。有的时候，一次死亡体验还有可能用另一种方式来进行抵消。孩子会产生一种抱负，希望通过艺术或者文学创作来摆脱死亡，不然的话，孩子可能会变成一个极其虔诚的宗教信仰者。

　　逃避从事某一职业、思想混乱或者懒惰，也是从很小的时候就开始了。看到这样一个孩子正在朝着日后人生当中的种种困境前进后，我们必须用一种科学的方法，找出孩子犯错的原因，并且用科学的手段来纠正孩子的错误。假如我们都生活在一个资源应有尽有、无须我们去工作的星球上，那么懒惰或许就是一种美德，而勤劳则是一种恶习了。但从我们根据自己与地球这颗行星之间的关系来看，合乎逻辑地解决职业问题的办法，也是这个问题唯一符合常识的答案，就是我们应当去工作，应当与他人协作并作出贡献。在人类的直觉当中，我们始终都能感受到这一点，而如今我们又从科学的角度明白工作的必要性了。

儿童时期受到的训练与培养，在天才人物身上始终都表现得非常明显。我认为，天赋问题有助于我们理解整个问题。人类只会把那些为人类的共同幸福作出了诸多贡献的人称为天才。我们可想不出，有哪个天才人物身后没有留下任何对人类有益的东西。艺术就是全人类当中那些最具协作精神的人作出的成就，而人类当中那些伟大的天才人物也提高了我们文化的整体水平。荷马在其诗作中只提到了三种色彩，而这三种色彩，必须起到区分所有色彩的作用。毫无疑问，当时的人可以注意到更多不同的色彩，但他们无须一一进行列举，因为色彩之间的差异看上去非常微小。那么，是谁教会了我们去辨别如今可以列举出来的所有色彩呢？我们必须说，这正是艺术家与画家的功劳。作曲家则把我们的听觉提炼到了一种非同寻常的敏锐程度。要说我们如今是用和谐优美的语调在说话，而不再是用原始人那种粗糙刺耳的音调说话，那就是音乐家教给我们的。而既丰富了我们的心灵，又教会了我们去训练自己各种官能的，正是他们。又是谁，既增强了我们感知的深度，还教会我们更好地去交流和更充分地去理解呢？是诗人。正是他们，不但丰富了我们的语言，使得我们的语言更加灵活，还让语言得以适应了我们所有的人生目的。天才是全人类当中最具协作精神的人物，这一点是毫无疑问的。在天才人物行为举止与态度的某些方面，我们或许看不出他们的协作能力来，不过，从他们的人生全景来看，我们还是能够看出这一点的。对于他们来说，协作可不像其他人那样容易做到。他们走的是一条艰难之路，要与诸多障碍作斗争。他们通常都是一出生就患有严重的生理缺陷。几乎在所有杰出人物的身上，我们都会看到某种生理缺陷。因此我们会有这样一种印象：他们在人生伊始的时候就面临着诸多令人痛苦的困难，但通过努力，他们都克服了各自的困难。尤其是，我们可以看到，他们在很小的时候就已确定了自己的兴趣，并且在儿童时期便进行过刻苦的训练。他们让自己的感官变得更加敏锐，因此能够接触到人世间的种种问题，并且理解这些问题。根据这种早期训练，我们就可以断定，他们的技艺与天赋都是自己创造出来的，而不是一种不应当获得的天赐之福或者遗传。他们作出了努力，我们如今就有福可享了。

　　这种早期追求，正是日后成功的最佳基础。假设有一个三四岁的小姑娘，我们一直都不去管她，她会开始给自己的洋娃娃缝制一顶帽子。看到她干活之后，我们会对她说，帽子缝得非常漂亮，并且会提出建议，告诉她可以怎样把帽子缝得更加漂亮。小姑娘就会受到鼓舞与激励。她会更加努力，并且提高自己的手艺。可是，假如我们这样对她说："把针放下！你会伤着自己的。根本就不需要你来缝制一顶帽子。我们会出去给你买一顶比这个漂亮得多的帽子。"那么，她就会放弃自己的努力了。如果对比一下两种情况下的这位小姑娘在日后人生中的情况，我们就会发现，前者已经培养出了自己的艺术品位，并且对工作很感兴趣；

第二种情况下的小姑娘则会不知道拿自己怎么办，并且会认为，她始终都买得到比自己制作出来的更好的东西。

如果在家庭生活当中过分强调金钱的重要性，那么孩子往往就会仅凭他们能够挣到多少钱这一点来看待职业问题。这是一种严重的错误，因为这种孩子遵循的，并不是一种他可以从中为人类作出贡献的兴趣。每个人都应当自食其力，这是事实；但我们会看到有些人无视这一点，需要由别人来供养，同样也是事实。不过，假如一个孩子只对赚钱感兴趣，那么他就很容易失去与他人协作的想法，只会去追求自身的利益了。假如"赚钱"是唯一的目标，并且没有紧密结合任何社会兴趣的话，那么，这种人不去通过抢劫和欺骗他人来赚钱，就没有任何理由了。即便情况并没有这样极端，但其目标当中只是结合了一丁点儿社会兴趣，那么，虽说一个人可能赚上很多的钱，可其行为也不会给同胞们带来多少好处。在我们目前这个复杂的时代，一个人是有可能遵循这些原则获得成功、变得富有起来的。即便用的是一种不正确的方法，有的时候一个人在某个方面也有可能看似获得了成功。我们无须对此大惊小怪，而我们也无法保证，说一个终其一生都持有正确态度的人一定会马到功成。然而，我们却能保证，这样的人会始终保持着自己的勇气，并且不会失去自尊。

一种职业，有的时候既可以用于逃避社会与爱情方面的问题，也可以被人当成逃避这些问题的借口。在我们的社会生活当中，人们经常会选择夸大自己的工作量，并且将其当成摆脱爱情与婚姻问题的手段。有的时候，我们发现这一点还会被人用来当成失败的借口。一个人会全身心投入自己的工作当中，并且这样想："我可没有时间能够抽出来花在我的婚姻上面，因此婚姻不幸并不是我的责任。" 社会与爱情两大问题，正是他们尽力要逃避的问题。这种情况，在神经官能症患者当中尤为常见。他们不会去接触异性，或者会用错误的方式去接触异性。他们既没有朋友，也不会去关注别人。不过，他们却忙于自己的工作，不分昼夜。就连睡在床上的时候，他们想着的、梦见的，也还是工作。他们让自己陷入到了一种紧张不安的状态当中。在这种紧张状态下，神经官能症的症状就会出现，比如胃疼，或者其他诸如此类的问题。到了此时，他们却又觉得，胃疼会让他们无须去面对社会与爱情方面的问题了。在其他情况下，一个人则会不停地换工作。这种人总能想出一种更适合自己的工作来。结果，这种人便会显得像根本没有工作一样，因为他们总是在一种工作与另一种工作之间摇摆不定、犹豫不决。

我们应对问题儿童的第一点，就是要找出他们的主要兴趣来。这样，从整体上对他们进行鼓励，就比较容易做到了。倘若情况是年轻人无法确定一种职业，或者年纪较大的人在职业方面处处碰壁，那么，我们就应当找出他们的真正兴趣，并且由懂行的人利用这些兴趣来对他们进行职业指导，同时努力帮助他们找到工作。这一点，往往都不易做到。在我们这个时代，失业人数众多是一个值得我们警惕的问题。对于一个人们都在努力增强协作性的时代而言，这可不是一种好现象。因此我认为，每一个已经认识到了协作重要性的人，都应当作出努力，来确保没有人失业，来确保每个想要工作的人都能找到工作。我们通过进一步推进培训学校、技术学校和成人教育的发展，而在这个方面获得帮助。许多的失业者，都是没有接受过培训、没有技能的人。或许，其中有些人还对社会生活没有兴趣。有未经过培训的社会成员和对人类的共同利益不感兴趣的社会成员，对于人类来说，是一种沉重的负担。这些人实际上觉得自己不如他人，并且处于一种劣势地位，而我们也可以理解，大部分罪犯、精神病患者和自杀者都是没有经过培训、没有技能的人。由于缺乏培训，他们都在拖人类的后腿。因此，所有的家长、老师，以及所有关注人类未来的发展与进步的人，都应当作出努力，以确保所有孩子获得更好的训练和培养，确保如此众多的孩子进入成年生活之后，不至于在劳动分工中找不到自己特定的位置。

第十一章　人类与同胞

　　人类历史最悠久的追求，就是让人们融入自己的同胞当中去。我们人类的所有进步，都是通过关注我们的同胞而取得的。家庭是一种组织，在家庭中，对其他家人的关注必不可少。而在我们能够追溯到的历史长河当中，我们也看到了人类凝聚起来、组成家庭的这种脾性。原始部落通过共同的标志聚集成群，而此种标志的目的，就是将人们与其同类联合起来，进行协作。最简单的原始宗教，就是崇拜某种图腾。一个部落会崇拜蜥蜴，另一个部落则会崇拜公牛或者蛇。那些崇拜同一种图腾的人居住在一起，相互协作，而部落里的每一个人，也都会觉得自己是其他部落成员的兄弟。这些原始的习俗，就是人类在选择和稳定协作的过程中采取的一种最了不起的措施。在这些原始宗教的纪念节日上，每个崇拜蜥蜴的人都会与自己的同胞相会，并且一起讨论一些问题，比如收成，比如怎样防止受到野兽袭击，以及怎样免遭天灾人祸。这一点，正是此种纪念节日的意义所在。

　　婚姻被人们认为是一种涉及整个部落利益的事情。崇拜同一种图腾的每一位兄弟，都必须按照社会规矩，到本部落之外去寻找伴侣。如今我们仍然应当认识到，爱情与婚姻并不是个人的私事，而是人类的共同使命，而整个人类，也都应当在心灵和精神上参与到这种共同的使命当中来。结婚成家中包含着某种义务，因为婚姻是整个社会都寄予了期待的一种使命，而整个社会关注的，就是人们应当生出健康的孩子，并且应当按照协作精神来将孩子抚养长大。因此，在每一桩婚姻当中，所有的人都应当乐意协作才是。原始社会所用的方法、图腾以及为了掌控婚姻而制定的那些复杂制度，如今在我们看来，或许显得荒谬可笑，但在当时，它们的重要性却是怎么强调都不过分的。而它们的真正目标，就是增强人类的协作性。

宗教信仰规定的一项最重要的使命，始终都是"爱邻如己"。在这里，虽说形式不同，但我们的追求仍是一样，仍是努力提高我们对同胞的关注。如今，从一种科学的观点来看，我们能够证明此种追求非常重要。这一点，是很有意思的。被惯坏了的孩子会这样问我们："我为什么要去爱邻居呢？我的邻居爱我吗？"这就暴露出了他们缺乏协作性训练以及只关注自身的真相。正是那些不关注同胞的人，才会在生活当中遇到最大的困难，才会给其他人带来最严重的伤害。而人类当中的所有失败者，也都来自这种人。世间有许多的宗教与信仰，都在用各自的办法来提高人类的协作性。就我本人而言，对于人类作出的、承认协作是终极目标的每一种努力，我都持赞同态度。我们无须去争斗、批评或者贬低别人。我们并不拥有绝对真理，而通往协作这一终极目标的道路，也不止一条。

我们都知道，在政治领域里，那些最好的措施可能被人滥用，不过，倘若没有培养出协作性，那么，任何人都是无法通过政治来获得成就的。每一位政治家，都必须把整个人类的进步当成自己的终极目标，而人类的进步，始终都意味着拥有一种程度更高的协作性。不过，我们常常无力判断出，哪位政治家或者哪个政党会真正带领我们朝着进步的方向前进。每个人，都是根据自己的人生态度来进行判断的。但是，假如一个政党在其内部培养出了相互友爱的同胞，那我们就没有任何理由去厌恶这个政党的正常活动了。民族运动的情况，也是如此。倘若参与此种运动的那些人的目标，是把孩子培养成真正友爱的同胞并且增强孩子的社会感，那么他们就可以按照本民族的传统去行事，就可以崇拜他们自己的民族性，也可以努力按照他们认为最佳的方式来影响和改变法律法规。而我们呢，则不应当反对他们的这种努力才是。阶级运动也是一种群体性运动和一种协作。如果阶级运动的目标是为了人类的进步，那么我们也应当避免去歧视这种运动。因此，我们只能根据所有运动在推进人们对同胞的关注方面的本领，来评判它们。而我们也会发现，有许多方法可以帮助增强人类的协作性。或许，这些方法当中有好坏之分，但是，如果确定了协作这一目标，那么仅仅因为某种方法可能不是最佳办法而去加以抨击，就是毫无益处的。

　　我们必须反对的，是这样一种人生观：持有此种人生观的人，追求的只是自己能够获得什么，追求的只是一种个人优势。对于个人的进步与人类的共同进步而言，这种人生观就是我们可以想见的、最严重的一种障碍。只有通过我们对同胞的关注，人类的一切能力才会得到发展。说话、读书和写字，前提都是在我们和他人之间架起一道沟通的桥梁。语言本身就是人类共同创造出来的，就是社会兴趣的产物。理解力是人类共同的问题，而不是一种个人的官能。所谓的理解，就是在我们期待大家都应当理解的基础上去理解。理解就是根据一种共同的意义，来让我们自身与他人进行联系与交流，并且受到全人类的常识约束。

　　有一些人，他们追求的主要是自身的利益与个人的优越感。他们给人生赋予了一种属于他们个人的意义，认为人生只应为他们而存在。然而，这种意义绝不是理解，因为它属于全世界其他任何一个人都不可能分享的一种观点。因此，我们会发现，这种人无法与同胞进行沟通。通常来说，倘若看到一个孩子习得的只是关注自身，那么我们就会发现，这种孩子的脸上总是一副卑躬屈膝或者茫然无聊的表情。而在罪犯或者精神病患者的脸上，我们也能看到此种相同的表情。他们不是在用自己的眼睛与别人交流。他们看问题的方式，与其他人都不同。有的时候，这种孩子或者成年人甚至不会去看自己的同类，他们会转过脸去，看着别的地方。在神经官能症的许多症状当中，也呈现出了同一种交流不畅的情形。比如说，在强迫性脸红、结巴、阳痿或者早泄等症状中，这种情况则尤其明显。这些方面，全都说明了一个人由于不关注别人而不具有与其他人类融为一体的能力。

　　程度最严重的一种社交孤立的代表，就是精神错乱。即便是精神错乱，倘若能够激发起患者对他人的关注，也并不是不可治愈的。不过，精神错乱却代表着一种比其他任何表达都要更加严重的、疏远同胞的表现，或许其程度仅次于自杀。治疗此种病人是一种艺术，并且是一种极其困难的艺术。我们必须争取让患者重新培养出协作性。我们只有通过耐心，用最和善、最友好的态度，才能做到这一点。有一次，我被请去尽力治疗一名患有精神分裂症的姑娘。她患有这种疾病的时间已经长达八年，而最后两年则一直待在精神病院里。她会像狗一样尖叫、吐口水、撕扯自己的衣服，并且试图把自己的手帕吃进肚子里去。我们看得出，她失去对人类的关注已经到达了一种什么样的严重程度。她想要扮演狗的角色，而我们也能理解这一点。她觉得母亲对待她就像是对待一条狗，她这样做，或许是在说："我见到的人越多，就越喜欢当一条狗。"在接连八天里我都跟她说话，可她一句话也没有回答过。我没有气馁，而是继续跟她说话。三十天之后，她终于开始用一种混乱不堪、令人费解的方式开口了。我成了她的朋友，她从我这里获得了鼓励。

即便是获得了鼓励，这种患者也不知道如何去运用自己的勇气。这种患者抵触同胞的心理是非常强大的。我们料想得到，勇气恢复到了一定水平之后，这种患者将会试着去做什么样的事情。不过，患者此时仍然会不希望与别人协作。这种患者就像是一名问题儿童：他会想方设法，要做一个捣蛋鬼；他会把凡是碰得到的东西全都弄坏，或者袭击护理人员。我再去跟这位姑娘谈话的时候，她就袭击了我。我必须考虑好自己应当去怎样应对才行。唯一会让她感到惊讶的回应，就是不做任何反抗。大家可以想象一下那位姑娘的样子，她可不是一个身强力壮的女汉子。我任由她打我，只是友好地看着她。她根本没有料到会是这种情况，因此斗志全无。此时，她仍然不知道拿自己那种复苏了的勇气怎么办。她打碎了我房间的窗户，在窗玻璃上划伤了手。我没有责备她，而是用绷带把她的手包扎好了。应对此种暴力行为的常用办法，就是控制住她，把她关在房间里，但这是一种错误的办法。如果想要胜过这位姑娘，我们就必须采取不同的做法。指望一位患有精神错乱症的患者会像正常人那样作出反应，是一种最严重的错误。几乎每一个人，都会因为精神病患者不会像普通人那样作出回应而感到生气和恼火。比如，患者会不吃东西，会撕烂身上的衣物，等等。那就不妨由他们去。除此之外，我们就没有别的办法去帮助他们。

此后，那位姑娘便康复了。一年之后，她仍然相当健康。

有一天，就在前往曾经关过她的那家精神病院的半路上，我碰到了她。"您要干什么去呀？"她问我道。"跟我来吧，"我回答说，"我要到您在里面住了两年的那家精神病院去。"我们一起前往那家精神病院，然后我把曾经在里面治疗过她的那位医生找了过来。我建议说，在我给另一位患者看病的过程中，他应当跟这位姑娘谈一谈。我回来后，却看到那名医生很生气。"她的身体很好呀，"他说道，"可她有个方面却让我很不高兴。她不喜欢我。"如今，我仍然时不时地看到这位姑娘，而她的身体也有十年都没什么问题了。她如今自食其力，与同事们相处融洽，而且看到她的人都不会相信，她曾经得过精神分裂症。

有两种情况，尤为清晰地表明了患者疏远他人的程度，那就是妄想症与忧郁症。妄想症患者会谴责整个人类，患者会以为同胞全都抱成一团，要阴谋对付他。而忧郁症患者则会谴责自己，比如患者会说："我把整个家庭都毁了。"或者说："我损失了所有的钱，孩子们就得挨饿了。"然而，即便一个人谴责的是自己，也不过是他显露出来的一种表象罢了。实际上，患者仍然是在谴责他人。例如，一名地位显赫、很有影响力的女性出了事故，无法再继续从事社会活动了。她有三个女儿，女儿们都已经结婚成家，因此她觉得非常孤单。差不多就在此时，她的丈夫又去世了。以前她一直都养尊处优、受人敬爱，因此她千方百计，想要弥补自己已经失去了的那些东西。她开始出国，到欧洲去旅游。然而，她不再觉得自己像以前那样重要了，因此在欧洲旅行的时候，她开始患上了忧郁症。朋友们纷纷离她而去。忧郁症这种疾病，是对处于此种环境当中的人的一种极大考验。她打电报回国，要自己的女儿们过来，可每个女儿都有来不了的理由，因此一个也没来看她。回到国内之后，她最常挂在嘴边的一句话就是："几个女儿一直都对我很好。"女儿们原来都是让她一个人生活，还请了一位护士来照料她的生活起居，而她回国之后，她们也只是偶尔才去看看她。因此，我们不能按照字面意思来理解她的话。她的话，其实是一种谴责，凡是了解情况的人也都知道，她的话就是一种谴责。忧郁症，就像是一种针对别人的、持久不消的愤怒与责备。尽管患者的目的是为了得到他人的关怀、同情与支持，但患者表面上却只是因为自己的愧疚而感到沮丧。忧郁症患者的最初记忆，通常都有点儿像是这样："我记得自己想要在沙发上躺着，可我哥哥却躺在上面。我不停地哭闹，让他不得不起来走开。"

　　忧郁症患者常常想要通过自杀来进行报复，而医生首先要注意的，就是不给患者提供一个自杀的理由。就我自己而言，我会向患者提出："绝不去做自己不喜欢的任何事情。"并将它作为治疗的第一准则，来缓和患者全身的焦虑状态。这一准则看似平淡无奇，但我认为，它触及了整个问题的实质。假如一名忧郁症患者能够做自己想做的任何事情，那么患者还能去谴责谁呢？患者还有什么需要去报复的呢？"如果您想去看戏，"我会对患者说，"或者休个假的话，那就尽管去做。要是中途您又发现自己不想去了，那就别去。"这种情况属于一种最理想的处境，对任何人来说都是如此。它给患者的优势追求提供了一种满足感。患者会觉得自己就像是上帝，可以为所欲为。而另一方面，这种情况又并不是很符合患者的人生态度。这种患者希望自己能够左右和指责他人，要是别人都不去拂逆患者的意思，那么患者就没办法去左右他们了。这条准则，是一种具有极大缓和作用的准则，我的患者当中从来就没有出现过自杀的人。不用说，有人来照看这样的病人当然最好了，而我的一些病人却没有像我原本更希望的那样得到密切的照料。只要有照料的人，患者就不会有什么危险。

通常来说，患者都会这样回答我："可是，我没有什么喜欢去干的事情。"我已经准备好如何来应对这种回答，因为我经常听到患者这样说。"那就不要去做您不喜欢的任何事情。"我会说。然而，有的时候，患者还会这样回答："我想整天都在床上躺着。"我很清楚，如果我允许，患者就不会再想这样做了。我也很清楚，如果我不允许，患者就会发动一场针对我的"战争"。因此，我一向都是同意患者这样去做的。

这是一条准则。还有一条，则会更加直接地对患者的人生态度产生打击。我会对患者说："如果遵循这个处方，您的病十四天以后就可以治愈。试着每天都想一想，自己如何才能让某个人感到高兴。"想一想，这对患者意味着什么吧。他们会不停地想："我怎么能去为某个人操心呢？"患者的回答，也都很有意思。有的患者会说："这对我来说就是小菜一碟。我一辈子都在这样做。"其实，他们从来都没有这样做过。我要他们仔细地想上一想。可他们才不会去细想呢。我会对他们说："睡不着的时候，你们完全可以利用这段时间，好好想一想如何才能让某个人高兴啊，这会极大地改善你们的健康状况呢。"第二天再见到他们的时候，我会问他们："你们仔细想过我的建议了吗？"他们则会回答："昨天晚上，我一上床就睡着了。"当然，这一过程中我必须保持一种恰当而友好的态度，并且不能带有一丝一毫的优越感。

其他一些患者则会这样回答："我决计做不到。我太烦恼了。"我会对他们说："不要停止烦恼，但与此同时，你们还是可以偶尔想一想别人啊。"我希望引导他们，把他们的兴趣始终都转移到同胞身上去。许多患者都会说："我为什么要让别人高兴呢？别人又没有尽力来让我觉得高兴。""您必须替自己的健康着想啊，"我会如此回答，"别人日后会有苦头吃的。"我极少发现哪位患者会说："我已经仔细想过您的建议了。"我所有的努力，目的都在于增强患者的社会兴趣。我很清楚，患病的真正原因就在于患者缺乏协作能力，因此我希望患者也能看清这一点。一旦能够在一种平等与协作的基础上与自己的同胞进行交流、联系，患者的疾病也就治愈了。

缺乏社会兴趣还有一个显而易见的例子，那就是所谓的"过失犯罪"。一个人把一根燃着的火柴掉在地上，引发了一场森林火灾。或者就像是最近的一个案例那样，一名工人把一根电线横在路上，然后回家待了一天。一辆汽车撞上电线，里面的乘客都死了。在这两个案子当中，主角都不是有意要对他人造成伤害。从道德观念上来看，二者对实际发生的事故似乎都没有罪责。不过，这种人并未习得替他人考虑的能力。因此，他们都没有自发地采取预防措施，来确保他人的安全。在邋遢不堪的孩子身上，在那些踩到了别人的脚趾、打破了碗碟或者把壁炉架上的装饰品碰到地上打碎的人身上，我们也会看到这种缺乏协作能力的表现，只是在过失犯罪中，这种缺乏协作能力的程度更加严重罢了。

对同胞的关注，是在家里和学校里训练出来的。我们已经看到，人们在孩子的成长道路上设置一些什么样的障碍。社会感或许不是一种遗传的本能，但是，具有培养社会感的潜力这一点，却是遗传得来的。这种潜力，是根据母亲的本领、她对孩子的关注，根据孩子对自身所处环境的判断来加以开发培养的。假如孩子觉得别人都对他怀有恶意，假如孩子觉得身边的人全都是他的敌人，并且把他逼入了绝境，那么，我们就无法指望他去与别人交朋友，也无法指望孩子自己会变成别人可交的好朋友。假如孩子觉得别人都应当做他的奴仆，那么孩子希望的就不会是为别人作出贡献，而是去统治别人了。如果孩子只是关注自身的感觉，只是关注自己生理上的刺激与不适，他就会让自己与社会隔绝。

我们已经明白，为什么说一个孩子最好觉得自己是家庭当中平等的一员，并且要能够关注其他所有的家人。我们已经明白，父母本身应当是彼此的好朋友，并且应当与外部世界里的人保持良好而亲密的友谊。这样，他们的孩子就会觉得，家庭之外也有值得他们信赖的人。我们已经明白，孩子在学校里为什么应当觉得自己是班级当中的一分子，觉得自己是其他孩子的朋友，并且能够信任他们的友谊。家庭生活与学校生活，都是在为一种更大的全面生活作准备。二者的目标，都是把孩子培养成一位同胞、成为人类整体当中平等的一分子。只有在这些条件下，孩子才会保持一颗勇敢之心，才能毫不紧张地去面对人生当中的种种问题，并且找出能够促进他人幸福的办法来。

如果孩子能成为所有人的好朋友，并且通过有益的工作和一种幸福的婚姻来为所有的人作出贡献，那么孩子绝不会觉得自己低人一等，也绝不会觉得自己会被他人打败。孩子会觉得，身处世间就像是在家里一样自在、舒适，因为世间是一个友好的地方，能够碰到自己喜欢的人，并且有能力解决所有的问题。孩子会觉得："这个世界，就是我的世界。我必须行动起来，作好安排，而不是等待和守望。"孩子会完全确信，当下只是人类历史当中的一个时间，确信自己属于整个人类进程，即过去、现在和未来当中的一部分，但孩子也会觉得，当下就是他能够完成自己种种富有创造性的使命，并且为人类的发展作出自身应有的贡献的时候。诚然，这个世界上确实存在着一些恶行、困难、偏见与不幸，但这是我们自己的世界，这个世界的利弊，也是我们自己的利弊。这个世界，就是我们必须努力工作并且使之变得更好的世界。而我们也可以希望，假如每个人都用正确的方式承担起自己应负的使命，那么他就可以发挥出自己的作用，来让这个世界变得更好。

　　承担起自己的使命，就意味着承担起用一种协作的方式来解决人生三大问题的责任。我们对一个人的所有要求，以及我们可以给予一个人的最高荣誉，就是他应当是一位善良的同事，是其他所有人的朋友，并且是爱情和婚姻当中一位真正的伴侣。简而言之就是，他必须证明自己是一位人类同胞。

第十二章 爱情与婚姻

在德国的一个地区，有一种古老的习俗，来考验一对未婚夫妻是不是适合婚后的共同生活。举办婚礼之前，新郎新娘会被人带到一块空地里，空地里已经砍倒了一棵大树。在这里，人们会给新郎新娘一把两人用的锯子，让他们动手去把树干从中锯开。通过这种测试，人们就可以看出两人彼此协作的意愿程度。这是一个需要两个人一起才能完成的任务。假如两人之间互不信任，那么他们就会相互掣肘，什么也干不成。假如其中一人希望给另一人做榜样，什么都自己去干，那么，即便是另一人作出让步，完成任务也需要花上两倍的时间。夫妇二人都必须积极主动，但双方的主动性必须结合起来才行。这些德国村民已经认识到，协作是婚姻中一个最主要的先决条件。

假如有人问我，爱情和婚姻意味着什么，那么我会给出下面这样一个定义，尽管这种定义可能并不完美：

爱情，连同爱情的完成状态，即婚姻，就是对异性伴侣一种最亲密的忠诚，表现为生理上的相互吸引、志同道合，以及作出生育孩子的决定。我们不难说明，爱情与婚姻是协作能力的一个方面。它们并非只是为了二人的幸福而进行的一种协作，而且也是为了整个人类的幸福而进行的一种协作。

这种观点，即认为爱情和婚姻是为了整个人类的幸福而进行的一种协作的观点，阐明了这个问题的每一个方面。就连生理上的相互吸引，也既是人类所有追求当中最重要的一种，又是人类极其必需的一种进化。正如我经常说明的那样，由于生理上存在缺陷，因此人类在地球这个贫瘠星球表面的生存条件一点儿也不好。让人类生命延续下去的主要办法，就是通过生儿育女。由此我们才会有了生育能力，才有了对生理吸引力的不懈追求。

在我们自身所处的这个时代，我们发现，有的爱情方面的问题，会引发诸多的难题与纷争。已婚夫妇面临着这些困难，为人父母者则关心着这些困难，而整个社会也都卷入到了这些困难当中。因此，要想得出一种正确的结论，我们的方法就必须完全不带任何偏见才是。我们必须忘掉已经了解到的东西，并且尽力去进行调查研究，不让其他方面的考虑来干扰我们进行一场全面而自由的讨论。

我并不是在说，我们可以把爱情与婚姻问题当成一个完全孤立的问题那样来进行评判。在这个方面，一个人永远都不可能做到彻底的自由。一个人只沿着个人的想法，是永远都不可能找出自身问题的解决之道的。每一个人都为一些确定的关系所约束，一个人是在一种确定的框架之内成长，因此他的决定必须符合这一框架才行。这三大关系，是由下述事实所确定的：我们都生活在世间一个具体的地方，必须在环境为我们设定的种种限制与可能性之内成长；我们都生活在同类之中，必须学会去适应这些同类；我们都生活在两性当中，而人类的未来，则取决于这两种性别的关系。

我们不难理解，假如一个人关注自己的同类、关注人类的幸福，那么他所作的一切都将以同胞的利益为导向，而他也会想方设法去解决爱情与婚姻的问题，仿佛其中涉及他人的幸福似的。他不一定明白，自己正在用这种方式来解决爱情与婚姻的问题。假如你去问他，他可能无法科学地说明自己的目标。但是，他仍然会自发地去追求人类的幸福与进步，而这种关注，在他的一举一动中全都看得出来。

还有其他一些人，则不那么关心人类的幸福。他们不是把诸如"我能为同胞们贡献些什么？"和"我如何能够成为整体当中合格的一分子？"之类的问题当成自己基本的人生观，而是会问："活着有什么用呢？我能从人生当中得到什么呢？人生的回报是什么？其他人替我考虑得够多吗？我是不是受到了恰当的重视呢？"假如一个人面对生活时是带着这种态度，那么他就会用同样的方式去解决爱情与婚姻的问题。他会总是这样问："我能从爱情与婚姻中得到什么呢？"

与一些心理学家所持的观点不同，爱情并非一种纯粹自然的使命。性是一种欲望，或者本能，但爱情与婚姻问题却不是我们如何去满足此种欲望那么简单。无论从哪个方面来看，我们都会发现，自己的欲望与本能都得到了发展、培养和升华。我们已经抑制了自身的一些欲望与癖好。为了同类的利益，我们已经学会了如何才能不让彼此厌烦。我们已经学会了梳洗打扮，学会了保持整洁。即便是我们的饥饿感，也并非只是纯粹自然地宣泄出来。我们在吃饭方面，已经有了文雅的品位与就餐礼仪。我们的欲望，都已适应了我们的共同文化，它们全都反映出了我们为了人类的幸福、为了我们紧密相关的生活而学会作出的种种努力。

　　假如把这种认识应用到爱情与婚姻的问题上去，我们就会再次看出，这个问题始终都必须涉及整体利益，涉及关注整个人类。此种关注是第一性的。倘若没有认识到这个问题只能根据其整体的一致性、只有通过把人类的幸福当成整体来看待才能加以解决，那么讨论爱情与婚姻问题的任何一个方面，提出缓和办法、改革措施、新的规定或者制度，就不会有任何好处。或许，我们应当对其加以改进；或许，我们应当给这个问题找出一个更加完美的答案。我们找到的答案越完善越好，因为它们会更加全面地顾及我们都是生活在两性当中、生活在人类必须联合起来的地球表面这一事实。只要我们的答案考虑到了这些情况，那么其中的真理就永远都站得住脚。

　　在利用这种方法的时候，我们在爱情问题上的第一个发现就是，这是一种需要两个人共同来完成的使命。对于许多人而言，这必定会是一种新的使命。从某种程度上来说，我们都接受了独立工作的教育；从某种程度上来说，我们也接受了结成团队或者群体来工作的教育。不过，我们对于两个人一起工作往往都没有什么经验。因此，这种新的情况便带来了问题。但是，假若两个人一直都关注自己的同胞，那么这个难题就较易解决，因为那样的话，他们也能比较容易地学会关注彼此。

　　我们甚至可以说，为了给这种两个人之间的协作找到一个全面的解决办法，夫妻二人对另一方的关注必须超过对自身的关注才行。这是爱情与婚姻成功的唯一基础。我们应当已能看出，许多关于婚姻的观点、许多关于改善婚姻关系的提议为什么都是错误的了。假如每对夫妻当中的一方都是关注对方甚于关注自己，那么他们之间必定是平等的。伴侣之间要想具有一种如此亲密的忠诚感，任何一方都不能觉得自己受到了压制或者在对方面前相形见绌。只有在夫妻双方都持此种态度的前提下，他们才有可能做到平等。每一方都应当作出努力，来让对方的生活更加轻松、更加丰富多彩。这样的话，双方都会很可靠。每一方都会觉得自己具有价值，每一方都会觉得对方需要自己。在这里，我们发现了婚姻的根本保障，发现了此种关系当中幸福的根本意义。这就是感受到自己有价值，感受到自己无可替代，感受到伴侣需要自己，感受到发挥出了自己的作用，感受到自己与伴侣志同道合，是伴侣真正的朋友。

在一种协作性的任务当中，任何一方都不可能甘愿处在一种低声下气的地位。假如其中一方希望控制另一方并且迫使另一方服从，那么两个人就是不可能生活在一起、不可能有所收获的。在我们目前的条件下，有许多男性都确信，只有丈夫可以统治家人和发号施令，丈夫才是家里挑大梁的人，才是家里的主人。事实上，许多女性也这样认为呢。这一点，正是社会上有那么多不幸婚姻的原因。没有人能够忍受自己处于一种低三下四的地位，而不心存愤怒与怨怼的。志同道合者之间必须平等。倘若人们之间是平等的，那么他们始终都能找出办法，来解决他们遇到的困难。例如，他们会在生育子女的问题上达成一致意见。他们明白，作出生育孩子的决定，就是在发挥出他们应有的作用，来保证人类的未来。他们会在孩子的教育问题上达成一致意见，而且他们也会受到鼓舞，去解决婚姻当中出现的各种问题。因为他们明白，婚姻不幸家庭当中的孩子会处于严重不利的境地，不可能全面成长起来。

在我们目前的文明当中，人们并非经常作好了协作的充分准备。我们接受的训练，一直都是太过以个人的成功为导向，太过倾向于考虑我们能够从人生当中获取什么，而不是我们能够为人生奉献些什么。因此我们不难看出，倘若让两个人按照婚姻所需的那种亲密方式生活在一起，那么在协作性方面、在关注他人的能力方面无论出现什么问题，都会导致最为严重的后果。绝大多数人，都是第一次经历此种亲密的关系。他们都不习惯去顾及另一个人的兴趣与目标、心愿、希望以及抱负。他们都没有作好准备，来应对一种共同使命当中的问题。对于在身边看到的诸多错误做法，我们无须感到惊讶。不过，我们可以探究这些事实，并且学会如何在将来避免再犯这些错误。

人们在成年生活当中碰到任何一种危机后，都会用以前习得的经验来加以应对，我们始终都会遵循自己的人生态度，来对这些危机作出反应。结婚成家的心理准备，并不是一夜之间就可以作好的。从一个孩子的特征性表现当中，从孩子的态度、想法与举止当中，我们都能看出这个孩子是如何为日后的成年生活而训练自己的。在五六岁的时候，孩子对于爱情的态度早已在这种训练的主要特点当中确立起来了。

从一个孩子的早期成长过程中，我们看得出，孩子此时已经开始形成自己对爱情与婚姻问题的看法了。我们不应当以为，孩子是在表现出我们成年人所指的那种性冲动。其实，孩子是在接受普通社会生活当中的一个方面，因为他觉得自己就是这种普通社会生活中的一分子。爱情与婚姻，是孩子所处环境当中的两个组成要素，它们会融入孩子对于自己未来的看法当中。孩子必定对它们有所理解，必定在这些问题上持有某种立场。就算孩子在如此年幼的时候就表现出了关注异性的迹象，并且选择自己喜欢的人做伴，我们也绝不能把这种现象理解成一种错误或者麻烦，不能认为孩子是受到了性早熟的影响。我们更不应当嘲笑孩子，或者拿这种事情开玩笑。我们应把这当作孩子为爱情与婚姻问题所作的准备。我们不应当拿这种事情开玩笑，而应当赞同孩子的做法，认为爱情是一项伟大的使命，是孩子应当为之作好准备的一项使命，是一项为了整个人类幸福而需完成的使命。这样的话，我们就可以在孩子的心中埋下一种理想，而在日后的人生当中，孩子就能用一种亲密的忠诚之心，像作好了充分准备的同志和朋友那样彼此相待了。看到孩子们自发而且全心全意地追随一夫一妻制，而且尽管事实上父母之间的婚姻并非始终都是和谐、幸福的，他们往往也会这样做，这是很有启发意义的。

　　我绝不会鼓励父母在孩子太小的时候就向他们解释生理上的性关系，或者解释的东西超出了孩子希望了解的范围。大家都能理解，一个孩子看待婚姻问题的方式是最重要的。假如用一种错误的方式去教导，那么孩子可能就会把婚姻看成一种危险，或者视之为一个完全超出了孩子能力的问题。从我自身的经验来看，那些在很小的时候，即四五岁或者六岁的时候就了解到了成年人之间的关系是怎么回事的孩子，以及那些有过性早熟经历的孩子，在日后的人生当中往往会比其他孩子更害怕面对爱情。生理吸引也会让他们感到危险。倘若第一次听到这种解释或者第一次有性经验的时候年龄更大一点儿的话，孩子就不会那么害怕了。因为这个时候的孩子，在理解正确的两性关系方面犯错的可能性要小得多。要想让这种解释有益于孩子，关键就是：绝不对孩子撒谎，绝不回避孩子提出的问题，要搞清楚孩子问题背后的真实意图，并且点到为止，只解释孩子希望了解的知识，只解释那些我们确定孩子能够理解的东西。多余、累赘的知识，可能会带来严重的伤害。在人生的这个问题上，就像在其他所有人生问题上一样，孩子最好是保持独立，并且通过自己的努力，去了解自己希望了解的那些知识。假如孩子与父母之间相互信任，孩子可能就不会受到伤害。对于需要了解的问题，孩子始终都会去问父母。人们有一种常见的迷信，认为孩子可能会被朋友们的解释所误导。但是，我却从未见过哪个原本很健康的孩子因为这种方式而受到了伤害。孩子们并不是同学们说什么他们就信什么，他们多半都很有判断力，而且倘若拿不准自己听到的东西是真是假，他们就会去问父母，或者去问哥哥姐姐。我也必须承认，我经常发现孩子们在这些事情上比大人更加明事理、更加老练。

即便是成年生活当中的生理魅力，在儿童时期也已经开始培养了。孩子在同感与魅力方面受到的影响，孩子身边那些异性给他留下的印象，全都是生理魅力的源头。一个男孩子从自己母亲、姐妹或者周围的其他姑娘身上获得这些印象之后，在日后的生活当中选择对他具有生理吸引力的人时，就会受到影响，会根据这些人与他儿时所处环境当中的那些人是否相似来进行选择。有的时候，孩子还会受到艺术创作的影响，因为在这个方面，每个人都会被一种理想的个性美所吸引。这样，在日后的人生当中，一个人的选择其实不再是广义上的自由选择，而只是一种遵循其培养原则的选择了。这种对美的追求，并不是一种毫无意义的追求。我们的审美情感，始终都是建立在一种健康感及一种为了人类进步的感觉基础之上的。我们的所有官能、所有本领，都是朝着这个方向发展的。我们无法逃避这一点。我们都清楚，那些面向永恒的东西，那些造福人类以及为了人类未来的东西，都是美的事物。这些东西，也是我们希望孩子们走上的那种成长道路的象征。这就是始终都在吸引着我们的美。

有的时候，倘若一个男孩与自己的母亲关系不好，或者一个女孩跟自己的父亲关系不好（父母在婚姻关系当中的协作不稳固的时候，经常会出现这种情况），那么他们在日后的人生当中，就会寻求一种与母亲或者父亲相对立的类型。例如，倘若男孩的母亲一直唠叨或者威吓他，而这个男孩又性格软弱、害怕被别人左右的话，那么他日后就会发现，只有那些外表不蛮横的女性，才对他具有性吸引力。这种男孩很容易犯错，因为他寻求的可能是一个自己能够征服的伴侣；可若是夫妻不平等，一桩婚姻就不可能是幸福的。有的时候，若是想要证明自己强大有力，他会去找一个外表也显得强大有力的伴侣，至于原因，要么是因为他更喜欢强势的人，要么是因为他在这种伴侣身上发现了一种更大的挑战，可以证明他自己的强大有力。假如他与母亲之间的不和非常严重，那么他为爱情与婚姻所作的准备可能就会受到阻碍，甚至于对异性的生理吸引力也会受到遏制。这种阻碍有多种程度，倘若达到了彻底的程度，他就会完全不接受异性，从而变成性变态者。

假如父母之间的婚姻和谐，那么我们往往就会作好更加充分的心理准备。孩子对于婚姻是个什么样子的最初印象，都是从父母的生活当中获得的。因此，数量最多的人生失败者都出身自离婚家庭或者不幸福的家庭，这一点就不足为怪了。如果父母自己都做不到彼此协作，他们就不可能教导自己的孩子养成协作性。通过了解一个人是否是在正常的家庭生活中长大，通过观察一个人对待父母、姐妹、兄弟的态度，我们通常都能最充分地了解一个人是不是适合结婚。其中的重要因素，就是这个人是从何处获得对爱情与婚姻的心理准备的。然而，在这一点上，我们必须谨慎才是。我们都知道，一个人并不是由他所处的环境决定的，而是由这个人对自身环境所作的判断决定的。他的判断，可能会很有好处。因为有可能出现这种情况：虽然他在自己父母家里有过非常不幸的家庭生活经历，但这一点可能只会激励他在自己的家庭生活当中做得更好。他可能会努力让自己作好充分的准备，来应对婚姻问题。因此，我们绝不能仅凭一个人曾经有过不幸的家庭生活，就对其作出判断，或者拒绝接纳他。

最糟糕的一种准备，就是一个人始终都在追求自己的利益。假如一个人习得的是这种方式，那么他就会时时刻刻都想着自己能够从人生当中获得什么样的享乐与刺激。他会始终都在要求别人给予他自由与慰藉，却从来不会考虑自己如何才能让伴侣的生活变得轻松与丰富多彩。这是一种极为不幸的方式。这种人，我会把他比作一个试图把轭具从马尾巴那头套到马脖子上去的人。这不是一种罪孽，却是一种不正确的方法。因此，在准备应对爱情的态度时，我们不应当总是去寻找减轻负担和逃避责任的办法。假如心存犹豫与怀疑，爱情中的那种志同道合的关系就不可能稳固。协作需要一种恒久不变的决心，也只有双方都下定了牢固而不可更改之决心的婚姻，我们才认为是真正的爱情典范和真正的婚姻。这种恒久不变的决心当中，也包括生儿育女的决定，教育孩子与培养孩子协作性的决定，以及尽我们的能力，让孩子变成真正的同胞、变成人类当中真正平等与负责任的一员的决定。一种幸福的婚姻，正是我们养育人类未来一代的最佳办法。因此在婚姻当中，我们始终都应当牢记这一点。婚姻实际上是一种使命，有着自己的规矩与法则，我们无法选择其中的一个部分而逃避其他部分，同时还不违反协作这一世间的永恒法则。

假如把自身应负的责任限定为五年，或者把婚姻当成一种试用期，那么我们就不可能具有爱情那种真正亲密的忠诚感。假如男性或者女性期待着这样的一种逃避，他们就不会尽全力来完成这一使命。在人生所有严肃而重大的使命当中，我们可没有在任何一种使命当中布置有这样的"逃离"机会。我们不可能一边相爱，一边又有时间限制。所有本意很好、心肠也好，却在试图找出一种解除婚姻关系的办法的人，走的都是一条错误的道路。他们提出的解除办法，会损害和约束那些即将进入婚姻殿堂的男女所作的努力；他们提出的办法，会让这些人更容易找到逃离婚姻围城的理由，并且让他们更容易在双方共同决定下来的这一使命当中放弃本来应当作出的种种努力。我明白，我们的社会生活中存在着许多的困难，这些困难，也让许多人无法用正确的方式去解决爱情与婚姻的问题，即便他们愿意去解决这个问题。然而，我要舍弃的并不是爱情与婚姻，我要舍弃的，是我们社会生活当中的这些困难。我们都知道，一个爱的伴侣身上必须具备哪些特质，比如忠诚、可靠、值得信赖、不太过冷淡、不要只顾自己……大家可以理解，如果一个人认为不忠是件极其平常的事情，那么这个人就没有恰当地作好结婚成家的准备。假如夫妻双方一致同意互不干涉彼此的自由，那么两人就连保持一种真正的友谊也是不可能的。这种关系，并不是一种志同道合的友谊。在友谊当中，我们在任何一个方面都不是随心所欲的。因为我们已经作出过保证，彼此要进行协作。

让我来举个例子，说明这种个人之间，但并非顺应婚姻成功或者人类幸福的要求而达成的一致意见，是如何可能给夫妻双方都带来伤害的。

我记得有这样一个案例：一位离过婚的男子和一位离过婚的女子结了婚，组成了新的家庭。双方都是既有文化又很聪明的人，都非常希望这段新的婚姻会比前一段婚姻幸福。然而，他们都不明白自己的第一段婚姻是如何走到尽头的。因此，他们就是在没有看清自己欠缺社会兴趣的情况下，在寻找一条正确的道路。他们都声称自己是自由思想者，希望拥有一种轻松的婚姻关系，让他们永远都不会出现相互厌烦的危险。于是他们提出，夫妻双方在任何一个方面都应当保持彻底的自由，他们可以做自己想做的任何事情，只是彼此应当充分信任，任何事情都应当告诉对方。在这一点上，那位丈夫似乎更加有胆量一些。每次回到家里后，他都有许多的乐事要告诉妻子，而妻子似乎也极其乐于听到这些事情，并且似乎对丈夫的成就感到非常自豪。她一直都想要给自己找个调情对象或者开始一场风流韵事，可还不待迈出第一步，她就开始得上了广场恐惧症。她无法再独自外出，恐惧症把她紧紧地堵在了自己的房间里。只要走到门外一步，她就会非常害怕，从而不得不回去。这种广场恐惧症，就是她对自身所作决定的一种保护措施。不过，此种症状的意义，还不止于此。最后，由于她无法独自外出，因此她的丈夫也不得不留在家里，陪在她的身边了。大家便可以看出，婚姻的逻辑性是如何突破他们作出的决定了。丈夫无法再当一名自由思想者，因为他必须陪在妻子身边。而妻子自己也无法再利用自己的自由，因为她害怕独自外出。这名女性要想得以治愈，就必须对婚姻有一种更加全面的理解，而她丈夫也必须将婚姻看成一种需要两个人通力协作才能完成的使命。

　　还有其他一些错误，在刚一结婚的时候就会犯下。一个曾经在家里受到溺爱的孩子，长大结婚后通常都会觉得自己受到了忽视。这种孩子并未训练自己去适应社会生活。一个被惯坏的孩子，长大后可能会变成婚姻关系当中的一个暴君；另一方则会觉得自己是个受害者，会觉得自己好像被关在笼子里一样，因而会开始进行反抗。观察一下两个被惯坏的孩子长大结婚后结果会如何，是很有意思的一件事情。夫妻双方都会要求对方来关注自己，谁都不会满意。接下来，他们就会去寻求逃避之法。其中一方会开始与别人私通，希望以此来获得更多的关注。有些人无法只爱上一个人，他们必须同时爱上两个人才行。他们会因此而觉得获得了自由，因为他们可以从一个人那里逃到另一个人的身边去，并且始终不用承担爱情的全部责任。在两个对象那里，他们都不用负全部的责任。

还有一些人，则想象出了一种浪漫的、理想的，或者说不切实际的爱情。这样一来，他们就可以沉溺于自己的感觉当中，而无须在现实当中去应对一个伴侣了。一种崇高而理想化的爱情，也可以用于拒绝接受所有的可能性，因为根本就找不出能够达到这一理想标准的人。许多的人，尤其是许多的女性，都因为自身成长过程中出现的错误而习得了不喜欢并且拒绝接受自己的性别角色。他们已经阻碍到了自身发挥天性，倘若没有得到治疗的话，从生理上来看，他们是无法完成一种成功的婚姻使命的。这就是我所称的"男性钦羡"。这种现象，很大程度上是由我们目前这种文化过分重视男性的做法所导致的。假如任由孩子们对自己的性别角色心存疑虑，他们就很容易产生不安全感。只要人们仍然认为男性在社会上占主导地位，那么不管是男孩子还是女孩子，他们觉得男性角色值得羡慕就是自然而然的。他们会怀疑自身发挥性别作用的能力，会过分强调男子气概的重要性，并且会尽量避免让自己去接受考验。在我们的文化当中，这种对性别角色的不满，是一种很常见的现象。在女性的性冷淡、男性的心理性阳痿等所有病例当中，我们都可以推断出这种情况来。在这些病例当中，患者都有一种对爱情和婚姻的抗拒心理，以及一种不愿各得其所的逆反心态。除非我们真正觉得男女两性是平等的，否则就不可能避免出现此种失败者，而且只要人类当中的一半人仍然有理由对自身所处的性别地位感到不满，那么我们就会碰到极大的障碍，从而无法让婚姻获得成功与幸福。这个方面的补救之道，便在于训练男女双方的平等观念。因此，我们绝不能任由孩子们一直对自己未来的性别角色感到模棱两可。

我相信，假如没有婚前性关系，爱情与婚姻中那种亲密的忠诚关系就会最为牢靠。我发现，若是恋人可以在婚前就献出身体，绝大多数男性在内心其实是很不喜欢的。有的时候，他们会把这种行为看成水性杨花的标志，并且感到震惊。此外，在我们目前的这种文化状态下，倘若婚前就发生亲密的关系，那么女方的心理负担就会比男方更重。要是一桩婚姻是出于害怕而不是出于勇敢才结合的话，那也是一种严重错误的做法。我们都能理解，勇敢是协作能力的一个方面。因此，如果男性和女性是由于害怕才选择自己的伴侣，那就标志着他们希望得到的并不是一种真正的协作。倘若他们选择的伴侣是酒鬼，是社会地位或者教育层次远远不如他们自己的人，情况也是如此。这种人其实很害怕爱情与婚姻，是希望确立一种会让伴侣去仰视他们的关系的。

能够培养出社会兴趣的方式之一，就是通过友谊来训练社会兴趣。在友谊当中，我们可以学会通过另一个人的眼睛来观察，学会通过另一个人的耳朵来倾听，学会通过另一个人的内心来感受。假如一个孩子受了挫折，假如他总是受人照看和保护，假如他是在孤独与隔离的环境中长大成人，既无志同道合者，也无朋友，那么他就不会培养出这种把自己与另一个人认同为一体的能力。这种孩子始终都会认为自己才是全世界最重要的人，并且总是急于确保自身的幸福。在友谊当中进行训练，就是为长大后结婚成家而作的一种准备。如果视作一种协作性训练，比赛可能会有益处。不过，我们在孩子们的比赛当中经常看到的，却是竞争以及超越他人的渴望。设置两个孩子可以一起工作、一起学习和一起了解知识的各种环境，是非常有意义的。我认为，我们不应当低估舞蹈的作用。舞蹈正是一种需要两个人共同来完成一项任务的活动，因此我认为训练孩子们跳舞是有好处的。我指的并不完全是如今我们跳的那种舞蹈，因为如今我们的舞蹈更多的是一种表演，而不是一种共同的任务。然而，如果我们具有适合孩子去跳的那种简单、轻松的舞蹈，那么跳舞就会极大地有助于孩子们的成长。

还有一个问题也有助于向我们表明婚前准备的情况，那就是职业问题。如今，找出这个问题的解决办法，已经优先于找到爱情与婚姻问题的解决办法了。夫妻当中的一方或者双方都必须从事某种职业，才能谋生和供养家人。因此，我们可以理解，正确地作好应对婚姻的准备，也包括恰当地作好外出工作的准备。

从一个人接触异性所用的方法当中，我们往往能够看出这个人有多勇敢，看出这个人究竟有多大的协作能力。每个人都有自己特有的求爱方法，有自己特有的求爱步骤与性情，而这个方面，也始终都与这个人的人生态度相一致。在此种求爱气质当中，我们能够看出一个人是不是支持人类的未来，是不是自信并且具有协作能力，或者一个人是不是只关注自己，是不是怯场，是不是总是用这样的问题来折磨自己："我这是出的什么洋相啊？他们会怎么想我呢？"一个人在求爱的时候，可能会迟钝木讷、小心谨慎，或者轻率鲁莽、猛打猛冲，但不管是哪种情况，他的求爱气质都与他的目标及人生态度保持一致，并且只是其人生态度的一种表现罢了。我们无法仅凭一个人的求爱表现就来断定他适不适合结婚，因为在求爱的时候，他的眼前有一个直接的目标，而在其他方面，这个人却有可能优柔寡断。但尽管如此，我们还是能够从中了解到一些表明这个人性格的确切迹象。

在我们目前的文化条件下（也只是在这种条件下），人们通常都希望，男性应当率先表达出自己受到了吸引，应当率先去接近异性。因此，只要这种文化上的要求依然存在，我们就必须训练男孩子具有丈夫气概，即应该主动，而不是犹豫不决或者试图逃避。然而，只有当他们认为自己是整个社会生活当中的一分子，并且接受社会生活的诸多利弊，把它们当成自身的优点与缺点，他们才能够习得此种丈夫气概。当然，姑娘与妇女也参与了求爱过程，她们也会采取主动，但在我们目前盛行的文化环境下，她们会觉得自己必须更高傲一点才行，而她们的求爱方式，则会在她们的整个姿态与整个人身上，在她们的衣着方式上，在她们观察、说话和聆听的方式中表现出来。因此，男性的求爱方式可以说是比较简单、比较浅显，而女性的求爱方式则可以说是更加晦涩、更加复杂。

现在，我们可以更进一步了。人们必须对配偶具有性吸引力，但这种吸引力必须始终遵循一种乐见人类幸福的原则来进行塑造才行。假如双方的确彼此关注，那么失去性吸引力就绝不会成为一个问题。失去性吸引力，往往都意味着一方对另一方已经没有了兴趣。它向我们表明，一个人不再觉得自己在伴侣面前是平等、友好而具有协作性的，也不再希望去充实伴侣的人生了。有的时候，人们可能会以为，关注还有，吸引力却已全无。这种想法是完全不对的。有的时候，嘴巴会撒谎，头脑也会不清楚，但身体的生理官能却总是会实话实说。如果官能上出现了问题，那就必然是两个人之间没有真正融洽的感情了。他们已经失去了对彼此的兴趣。起码来说，也是其中一个不再希望去解决爱情与婚姻这一使命，而在寻求一种解脱和逃避之法了。

人类的性欲还有一个方面与其他生物的性欲不同。人类的性欲是持续的。这是确保人类幸福与人类存续下去的另一种方式，利用这种方式，人类就能够繁殖，能够变得人口众多，从而通过数量的庞大来确保人类的幸福与生存。其他生物则是采取别的手段来确保这种延续的，比如说，在许多生物当中，我们都发现，雌性生物会产下大量永远都不会成熟孵化出来的卵。其中，许多的卵会丢失或者受到损毁，可庞大的数量却能保证，其中有一部分卵始终都能存活下来。对于人类来说，存续生命的一种方法，也是生孩子。因此，我们会发现，在恋爱与婚姻这个问题上，那些最为自发地关注人类福祉的人，也正是那些最有可能生下孩子的人；而那些不关注同类的人，不管是有意还是无意，都会不愿去承担起生育的重任来。倘若总是在索取和期待，却从不给予，那么他们就不会喜欢孩子。他们只关注自身，会把孩子看成一种麻烦、一种问题和一种令人讨厌的东西，看成一种会妨碍他们继续关注自身的东西。因此，我们可以说，要想全面而彻底地解决爱情与婚姻的问题，夫妻就必须下定生孩子的决心。一种幸福的婚姻，就是我们所知的、培养人类下一代的最佳手段。因此，在婚姻关系当中，我们始终都应当牢记这一点。

　　在我们的现实社会生活当中，解决爱情与婚姻问题的办法，就是一夫一妻制。任何一个人，在开始了这种需要如此亲密的忠诚度、需要如此密切地去关注另一个人的关系之后，都不能再去动摇这种关系的基础，都不能再去寻找逃避之道。我们都清楚，这种关系有可能出现破裂。可惜的是，我们并非总能避免这种破裂。不过，倘若我们将婚姻与爱情问题看成一种摆在我们面前的社会使命，看成一种需要我们去加以解决的使命，那么要避免婚姻破裂，就是极其容易的一件事情。那样一来，我们就会想尽千方百计，来解决这个问题了。婚姻关系之所以会破裂，通常都是因为夫妻双方没有尽到自己的全力，他们不是在创造一种婚姻关系，而只是等待着获取某种东西。如果用此种态度来面对这个问题，他们自然就会败下阵来。以为爱情与婚姻有如天堂与乐土，是一种错误的看法；而认为婚姻就像是整个故事的结局，也是一种错误的看法。正是两个人结婚之后，他们之间的关系才开始具有了种种可能性；正是在整个婚姻当中，他们才会去面对真正的人生，才会去面对为了社会福祉而进行创造的真正机会。另一种观点，即认为婚姻就是结局、就是最终目标的观点，如今在我们的文化当中则显得太过突出。例如，我们可以在成千上万的小说当中看到这种观点，在这些小说当中，留给我们的都是一对刚刚结婚、实际上刚刚开始共同生活的夫妇。不过，人们在对待此种情形时，却经常显得仿佛婚姻本身满意地解决了一切问题，仿佛书中的夫妇已经完成了他们的共同使命似的。还有重要的一点，我们必须认识到：仅凭爱情本身，是解决不了所有问题的。世间有着各种各样的爱情，因此我们最好还是依靠工作、关注与协作来解决婚姻当中的问题。

在这种整体关系当中，根本就没有什么不可思议的东西。每一个人对待婚姻的态度，都是这个人人生态度的一种表现。假如我们理解了整个人，就能理解他的人生态度了。当然，我也不是说非得如此才能理解。这种态度，是与一个人的所有努力与目标相一致的。因此，我们应当能够看出，为什么会有那么多人总是在寻求解脱之道与逃避之法。我能够准确地说出，究竟有多少人持有这样一种态度，他们就是属于被惯坏的那些人。这种人，是我们的社会生活当中一种危险的类型。这些人已经长大，却仍然像是被惯坏的孩子，他们的人生态度在四五岁的时候就已经成型，并且始终具有这样一种统觉体系："我能得到自己想要的任何东西吗？"假如得不到自己想要的一切，他们就会觉得人生毫无意义。"要是得不到自己想要的东西，"他们会这样问，"生活还有什么意义呢？"他们会变得悲观失望，他们会产生出一种"死亡心愿"。他们会让自己生病，变成神经官能症患者，并且会根据自身那种错误的生活态度，形成一种人生观。他们会觉得自己那些错误的观念是独一无二、极其重要的；他们会觉得，如果被迫去压抑自己的欲望与情感，那就是整个世界对他们怀有恶意。他们就是这样被培养长大的。他们曾经都有过一段美好的时光，并且在这段时间里得到了自己想要的一切。其中有一些人或许仍然觉得，只要自己哭喊的时间足够久，只要抗议得足够多，只要拒绝与他人协作，就能满足自己的所有心愿。他们不会去留意人生的连贯性，而只会关注自身的个人利益。结果就是，他们不想去奉献，他们总是希望不劳而获，希望别人不会拒绝他们的任何要求。因此，他们希望能够像商品一样去试用婚姻本身，以便不合意就能退货。他们想要的是同居、试婚，以及离起婚来更加容易。因此，婚姻关系刚一开始，他们就要求自由，要求自己有不忠的权利。注意，如果一个人确实关注另一个人，那么他必定具有属于此种关注的所有特征：他必定诚实可靠，是一个好朋友；他必定有责任感；他必定会让自己成为一个忠诚而可靠的人。我认为，一个没有成功地实现此种爱情生活或者此种婚姻关系的人，至少也应当明白，在这一点上，他的人生就是一种错误。

我们也必须关注儿童的幸福，倘若一桩婚姻是建立在那些不同于我所支持的观点之上，那么培养孩子方面就会出现各种严重的问题。假如父母之间吵吵闹闹，视婚姻为儿戏，假如父母认为婚姻当中的问题无法解决、婚姻关系无法成功继续下去，那么，这就不是一种十分有利于帮助孩子培养友善合群性格的情况。

很有可能，人们都有理由来说明为什么不该一起生活；很有可能，人们也有一些例子，可以说明一对夫妻最好是分开。那么，应该由谁来作出决定呢？我们是不是打算把决定权交给那些本身所受的教育就不正确、本身就不明白婚姻是一种使命、本身就只关注自己的人手中呢？这些人会用与看待婚姻时相同的一种态度来看待离婚："我能够从中得到什么呢？"这些人，显然不是能够作出决定的人。大家会经常看到，一些人一而再，再而三地离婚又结婚，并且始终都犯同样的错误。那么，该由谁来决定呢？或许我们可以认为，倘若婚姻当中出现了问题，那么应当由一位心理医生来决定一对夫妻究竟该不该离婚。不过，这样做是有问题的。虽然我不知道美国是不是也是此种情况，但在欧洲，我已经发现，心理医生多半都认为个人幸福最重要。因此，倘若就这种情况去咨询他们的话，他们通常会推荐咨询者去找个情人或者找个第三者，并且觉得这样做可以解决问题。我确信，他们最终都会改变自己的想法，不会再提供这样的建议。他们之所以会给出这种建议，是因为他们不了解这个问题的整体性以及它和我们这个世界上其他工作之间的紧密关系。这种关系是我一直希望你们特别加以注意的。

倘若将婚姻视作某种个人问题的解决之道，那我们也会犯下类似的错误。在这一点上，我还是没法提及美国的情况。但我知道，在欧洲，要是一个男孩或者女孩得了精神病，心理医生往往就会建议他们去找个情人，并且建议他们开始与人发生性关系。他们给成年人的建议，也是这样的。这种做法，实际上是在把爱情与婚姻变成一种新奇的药物，而接受此种建议的人，也必定会以损失惨重而告终。解决爱情与婚姻问题的正确办法，属于整个人格中最高层次的一种成就。没有哪个问题，会比爱情与婚姻问题更加紧密地与幸福息息相关；也没有哪个问题，会比爱情与婚姻问题更加紧密地涉及人生当中一种真正而有益的表现。我们不能把这个问题当成儿戏。我们不能把爱情与婚姻当成纠正一个人走上犯罪道路、酗酒或者患上神经官能症的办法。精神病患者需要经过正确的治疗，才能去恋爱和结婚。倘若患者在自己能够恰当应对之前就走进爱情与婚姻的殿堂，那么他必然会遇到新的危险，必然会承受新的不幸。婚姻是一种太过崇高的理想，我们需要作出太多的努力，需要奉献出太多的创造性活动，才能完成这一使命，才能让婚姻承载起这些多余的重担。

人们还会以其他的方式，带着种种不恰当的目的进入婚姻殿堂。有些人结婚，是为了让自己在经济上有所保障；有些人是因为怜悯某个人才结婚的；还有些人则是为了找一个能够呼来唤去的下人才结的婚。婚姻当中，可开不起这样的玩笑。我甚至还听说过这种情况：有些人结婚，竟然是为了让两人过得更加艰难！比如说，一个年轻人或许正面临着考试或者未来职业方面的种种困难。他觉得自己可能会很容易失败，而要是失败了的话，他又希望能够原谅自己。于是，他便承担起了婚姻这项额外的任务，而他的目的，就是找一个说明他失败情有可原的理由。

我确信，我们不该试图去贬低或者轻视这个问题的重要性，而是应当把这个问题放到一个更高的层面来考虑。在我听到过人们提出来的、关于摆脱婚姻问题的所有办法中，实际上总是女性在承担着不利的后果。毫无疑问，处于我们这种文化当中的男性，日子已经过得比以往更惬意了。不过，这是我们常见态度当中的一种错误。这个问题，是没法通过个人的反抗来克服的。尤其是在婚姻本身当中，个人反抗既会干扰到双方的人际关系，也会妨碍到另一方的利益。只有认识到并且改变我们这种文化的整体态度，才能解决这个问题。我有一位学生，就是底特律的雷茜教授，她曾经作过一项研究，发现她所调查的女孩子当中，有42%的人都愿意自己是个男孩：这就意味着，她们都对自己身为女性这一事实感到失望。倘若人类当中有一半的人全都感到失望和沮丧，全都不认同自己所处的地位，并且反对另一半获得更大的自由，那我们还能轻松地去解决爱情与婚姻中的问题吗？如果女性始终都有可能受到轻视，并且认为自己只是男人的性对象，或者觉得男性一夫多妻、对婚姻不忠是一件正常的事情，那我们还能轻而易举地去解决这些问题吗？

从前文所述，我们可以得出一个简单、明显而有益的结论来。人类是一种既非多配偶又非单配偶的动物。我们都生活在这个星球之上，加上人类就是我们自己，并且分为男女两性这一事实，再加上我们必须用一种合格的办法来解决环境给我们设定的人生三大问题这一事实，都将有助于我们明白这样一个道理：一夫一妻制能够最充分地确保一个人在爱情与婚姻生活中得到最全面、层次最高的发展。